A Matemática na arte e na vida

PAULO ROBERTO MARTINS CONTADOR

A Matemática na arte e na vida

Setembro 2022

Contador, Paulo Roberto Martins

A matemática na arte e na vida

São Paulo

ISBN 978-85-88325-920

Meus agradecimentos

Ao amigo Francisco Aparecido da Costa, meu ex-professor de Física, não apenas por suas orientações mas, principalmente, pela honra que me proporcionou ao prefaciar este trabalho. À Dra. Cássia Lopes que tão gentilmente cedeu imagens e textos de seu fabuloso trabalho, além de presentear-me com seu comentário na orelha deste livro.

A Natureza escreve.
O matemático e o artista
se dão as mãos e lêem a Natureza.
O número de ouro.

Prof. Luiz Barco

Prefácio

Poderia uma pessoa levar uma vida sem Arte ou viver sem a Matemática?

Pense no cotidiano das pessoas que você conhece. Seria possível alguém passar um dia sem ver uma figura, ainda que comercial, ou sem ouvir algum trecho de melodia solto no ar? Do lado da Matemática, será que alguém pode passar um dia, somente um dia sem fazer uma conta sequer?

Não tenho medo de afirmar que a Arte e a Matemática são inerentes à vida. Observe um corpo humano, suas proporções, simetrias, relações harmoniosas: estão presentes a Arte e a Matemática. Da mesma forma que em cada flor, em cada fruto, em cada árvore ou em cada animal. Assim, como também em todos os seus coletivos.

Dizem que a Arte imita a vida, mas na verdade, a arte é a expressão da vida através de Matemática aplicada em meios físicos constituídos de matéria e energia.

Sem empregar nenhum conceito matemático, tente dar boas descrições de um ser humano, uma flor, um fruto, uma árvore e um animal. Creio que você não conseguirá. E, se a Matemática dá precisão à essas descrições, como dar-lhes alma, a não ser através de Arte?

As artes e a matemática estão presentes em nossa vida e, desde o princípio, evoluíram juntamente com o ser humano. Lucrécio, poeta e filósofo latino que viveu no século I a.C., vinculava o avanço de uma civilização a seu desenvolvimento nas artes e na matemática. As artes rupestres nos dão certeza de que havia ideia de números desde tempos remotos: era os primeiros sinais da Matemática na Arte e na vida humana primordial que se desenvolveu até chegar aos nossos dias e que segue, como a própria vida, para o futuro inexorável.

Hoje, artes e matemática estão presentes em quase tudo ao nosso redor. É a arte utilitária presente nas roupas que vestimos e nos sapatos que calçamos, pois foram desenhados, medidos e decorados com figuras, pinturas ou aplicações de adornos. A Arquitetura, num sentido amplo, não se aplica apenas aos edifícios e pontes. Aplica-se também a ampla sorte de objetos manufaturados que nos rodeiam, como utensílios mobiliários, eletrodomésticos, eletroportáteis e computadores. Associa-se a outras artes utilitárias, com matemática aplicada para facilitar nossas vidas e, como consequência, modificar o desenvolvimento da humanidade. E o que dizer dos automóveis? Não seriam artifícios mecânicos controlados por matemática aplicada e encapados por artes utilitárias? Não teriam interferências diretas em todas as formas de vida de nosso planeta?

Você, leitor, verá neste livro que o autor Paulo Roberto Martins Contador, concebe com muita felicidade, a tríade matemática, arte e vida e a desenvolve com grande maestria, elaborando os temas com simultaneidade, como um malabarista a exibir e controlar objetos no ar.

Os assuntos são tratados dentro da objetividade natural e lógica das explicações simples e sem mistérios, condizentes com os versos de Alberto Caieiro, heterônimo de Fernando Pessoa:

O mistério das coisas, onde está ele?
Onde está ele que não aparece
Pelo menos a mostrar-nos que é mistério?

Este livro compõe-se de três partes: histórica, teórica e de aplicações. O autor combina os elementos abstratos e exatos da Matemática, com a concreção inerente à vida e com a subjetividade sentimental própria das artes. Os temas propostos em cada capítulo são enlaçados à tríade, o fio condutor da obra, como que a tramar uma linda e artística tapeçaria de ideias. O autor leva sua trama com o mesmo olhar do artista que vê sua obra pronta, antes mesmo de tê-la iniciado, tal qual os ditos de Michelangelo:

Em cada bloco de mármore vejo uma estátua;
Vejo-a tão real como se estivesse na minha frente.

A exploração dos assuntos não se limita ao relato puro e simples, vai muito além. Como no caso da sequência numérica de Fibonacci, por exemplo, além do relato de seu surgimento, o assunto retorna em várias relações com outros aspectos das artes, da vida e da própria Matemática. Posso até mesmo dizer que a visão do autor ocorreu ao modo das palavras de Blaise Pascal, matemático francês:

Devemos olhar para além de cada ação - para o nosso passado, presente e futuro - e perceber as relações entre todas as coisas envolvidas.

Nas abordagens históricas, ao olhar para *além de cada ação*, o autor poderia, por seu pensar, ser compelido em direção a críticas mais severas em relação à igreja, aos estados brasileiro e estrangeiro, ou a qualquer forma de poder opressor negligente ou hipócrita. Digo isso porque li os originais e porque concordo com suas opiniões. Mas, para preservar a diretriz de sua obra, praticou a arte proferida por William James, psicólogo norte-americano:

A arte da sabedoria é a arte de saber o que ignorar.

Também já li os três volumes de *Matemática, Uma Breve História*, de sua autoria, e conheço as dificuldades pelas quais passou até conseguir a primeira edição. Haja empecilhos! Haveria motivos de sobra para que não praticasse a *arte de saber o que ignorar*. Entretanto, mostrou-se capaz de superar obstáculos, como quem recita a arte dos versos de Carlos Drummond de Andrade, escritor brasileiro:

No meio do caminho tinha uma pedra
tinha uma pedra no meio do caminho tinha uma pedra
no meio do caminho tinha uma pedra.

Há números e proporções singulares que a natureza possui como parte integrante de sua essência. Esses valores compõem nossa vida, porquanto natureza somos. O autor manifesta alegria e entusiasmo quando se refere a esses elementos essenciais. Não obstante a clareza de sua explanação, há capítulos que merecem ser lidos várias vezes, tais como *Pitágoras e a secção áurea, A proporção áurea na história, A Música e os números de Fibonacci* e *A geometria da vida.* Em vários capítulos, os problemas enfrentados pelos pensadores do passado são apresentados de modo a conduzir o leitor a entender tanto suas soluções como as motivações que os originaram, da forma como diz Bertrand Russell, pensador, filósofo e matemático inglês:

O maior desafio de qualquer pensador é enunciar o problema de tal modo que possa permitir uma solução

Tenho certeza de que ao terminar a leitura de *A Matemática na Arte e na Vida*, você nunca mais verá uma pintura como antes. Creio também que observará mais atentamente as esculturas, obras arquitetônicas e peças de arte utilitária. Sei que encontrará elementos matemáticos na dança, na ópera, no teatro, no cinema e nas artes gráficas. Com relação à arte da palavra, que inclui Matemática por possuir métrica e ritmo, gostaria que procedêssemos como Johann Wolfgang von Goethe, escritor alemão, precursor do romantismo:

Todos os dias, devemos ouvir pelo menos uma breve canção, ler um bom poema, ver uma pintura de qualidade e, se possível, dizer algumas palavras sensatas.

E, quando você ouvir uma canção, lembre-se de que devemos a Pitágoras o padrão ocidental de divisão de um intervalo de oitava em doze partes. Esse padrão determina nosso gosto e nossa cultura musical. E lembre-se de que a música tratada friamente como Matemática aplicada é passível de ser executada por um computador, mas somente através da interpretação de pessoas apaixonadas consegue tornar-se arte verdadeira. E quando você tiver vontade de cantar, poderá dividir o tempo matematicamente e expressar-se artisticamente, tal qual a primeira estrofe do poema *Motivo* de Cecília Meireles, escritora e poetisa brasileira:

Eu canto porque o instante existe
e a minha vida está completa.
Não sou alegre nem sou triste: sou poeta.

Ao encerrar sua leitura, desejo que suas expectativas tenham sido atendidas. Espero que, além das artes e de qualquer tipo de expressão esteticamente organizada, você passe a olhar a própria vida com mais atenção, se é que já não o faz. Observe as flores, os vegetais, os frutos, as sementes e os legumes, pois foram todos criados com muita arte e dotados de elementos matemáticos essenciais da Natureza. Por fim, observe-se a si mesmo e ao seu semelhante e entenda que fomos criados dentro da mesma arte-matemática que se expressa nas matérias e energias do mundo ao qual pertencemos e que temos obrigação de preservar.

Ao autor, meu amigo e ex-aluno, desejo que este livro atinja os objetivos propostos e que sua obra cresça sempre. Espero que suas ideias sejam úteis aos estudantes brasileiros, tão negligenciados pelo estado. E que evolua na mesma proporção de um filho, da vida e, porque não dizer da própria Matemática, que conquistou o mundo. Alias, agradecendo o convite para escrever este prefácio, creio realmente que sua obra sensibilizará tanto quanto o poema *Emergência* de Mário Quintana, poeta e escritor brasileiro:

Quem faz um poema abre uma janela.
Respira, tu que estás numa cela abafada,
esse ar que entra por ela.
Por isso é que poemas têm ritmo
Para que possas profundamente respirar.
Quem faz um poema salva um afogado.

Francisco Aparecido da Costa estudou no Instituto de Física da USP. Lecionou durante 17 anos em diversas escolas de São Paulo em nível de 2° grau e em vários cursos preparatórios para vestibular.

Índice

- Introdução ... 19

- Os Planetas e a origem do pentagrama ... 23

- O pentagrama e sua história ... 31

- O que foi o Renascimento? ... 45

- Pitágoras ... 57
  - *Números poligonais* ... 62
  - *Números pentagonais* ... 62
  - *Números hexagonais* ... 62
  - *Números perfeitos* ... 63
  - *Números amigáveis* ... 63
  - *Números pitagóricos* ... 64

- *Números racionais* 64

- *Números irracionais* 64

- *Dedução do Teorema de Pitágoras* 68

- *Média aritmética* 71

- *Média geométrica ou proporcional* 72

- *Relação entre média aritmética e média geométrica* 73

- *Média harmônica* 73

- *Proporções* 77

- *Sólidos Platônicos* 82

- Pitágoras e a secção áurea 85

- Prelúdio a um número 95

- *Equação algébrica geral da Proporção Áurea* 98

- *Obtenção geométrica da proporção inversa* 100

- *Como construir um segmento áureo num segmento de reta qualquer* 103

- A proporção áurea na história 105

- A divina proporção 111

- *Propriedades algébricas da Proporção Áurea* 111

- *Progressão Geométrica áurea* 113

- *Método para obter geometricamente o segmento áureo* 114

- *Método para obter geometricamente o retângulo áureo* 115
- *Método de Euclides* 116
- *Obtenção do segmento áureo no círculo* 117
- *Obtenção do segmento áureo no decágono* 118
- *Obtenção do segmento áureo no pentágono* 119
- *Método para obter geometricamente a espiral áurea ou a spira mirabilis* 124
- *Crescimento do raio da espiral área* 126
- *A espiral retangular* 127
- *Cálculo do comprimento total da espiral retangular* 129
- *A espiral e o triângulo áureo* 130
- *O pentagrama* 132

- O que é Simetria? 137

- O que é Harmonia? 143

- O problema de Fibonacci 147
- *Cálculo do termo geral da sequência de Fibonacci* 150
- *Relação entre os termos de Fibonacci de grau n e* $(n-1)$ 153
- *Soma dos n primeiros números elevados ao cubo* 155
- *Um pouco sobre Blaise Pascal* 156
- *Os números de Fibonacci e o Triângulo de Pascal* 161
- *Os números de Fibonacci e seu determinante* 164

- Um guia para a verdadeira beleza 165
- *As medidas mágicas* 166
- *A relação áurea infinita* 168
- *A estrela mágica* 169

- A Arquitetura e a secção áurea 171
- *Luca Pacioli* 174
- *Le Corbusier* 178

- A Arte e a secção áurea 183

- A Música e os números de Fibonacci 193
- *Conceitos básicos de Música* 193
- *Escala diatônica e escala temperada* 197
- *As notas musicais e os números de Fibonacci* 200
- *Kepler e os números de Fibonacci* 203

- A Natureza 209
- *A reflexão da luz e o número* ϕ 211
- *O floco de neve* 213
- *O átomo de Hidrogênio e os números de Fibonacci* 214
- *O quadrado, o círculo, a Terra e a Lua* 217

- Os Hexágonos e as abelhas 219
- A Geometria da vida 225
- O Homem e a Proporção Áurea 245

- Considerações finais 255

- Bibliografia 261

Introdução

A experiência de criar algo novo ou descobrir alguma beleza oculta é um dos prazeres mais intensos que a mente humana pode experimentar.

H. E. Huntley[1]

Pode parecer estranho, mas a apreciação e o entendimento da beleza depende não apenas de nossas sensações primitivas, mas também de uma habilidade física que comprovadamente necessita, para um desempenho total, de muita prática e estudo. É impossível perceber, por completo, a beleza dos versos de um grande compositor brasileiro, se não conhecermos, no mínimo, os conceitos básicos sobre nossa gramática, ou admirar uma obra musical, se não estudarmos um pouco sobre Música. É mesmo caso nas obras de Leonardo da Vinci e Michelangelo, entre tantos outros, que exigem, para admirá-las por completo, conhecimentos sobre a *Proporção Áurea*.

A beleza é um conceito subjetivo e pode até mesmo ser dividida, conforme determinadas áreas. Podemos chamar de *beleza científica* uma demonstração matemática, uma reação química ou uma comprovação

[1] De origem inglesa, Huntley foi escritor e Professor de Matemática. É autor do livro *The Divine Proportion*.

física; de *beleza artesanal* aquela que vemos quando admiramos uma pintura, uma escultura; de *beleza natural* uma paisagem, uma montanha; de *beleza poética* a admiração que sentimos ao ler uma poesia. Não importa, apesar de todas serem totalmente diferentes elas possuem algo em comum, precisam de certo *padrão estético*. Este padrão, na realidade, não varia em função da tinta usada, das curvas da escultura, da teoria escrita ou da arquitetura do poema. É uma beleza intrínseca a cada objeto ou cada ente, e este conceito de beleza é um padrão estético que pertence ao homem pois, por ele foi desenvolvido.

Este trabalho é uma tentativa de mostrar como a Matemática pode explicar esse padrão estético, assim como a beleza e a harmonia da Natureza, desde o microcosmo, passando por um simples inseto, pelo formato de um cristal ou de um tornado, até o macrocosmo, como as galáxias.

Quando conseguimos entender a beleza, ela mexe com nosso coração, com nosso sentimento, com nossa capacidade de enlevar, com nossa capacidade de abstrair e ver nessa abstração, como quando acontecem as revelações ao cientista, ao poeta, ao pintor, ao escultor, ao matemático, e ao físico: se deparam com o *belo*. Mas como o homem pode atingir tamanho grau de perfeição? Qual parâmetro ou qual referência deve usar? A resposta a estas perguntas é simples: a Natureza. Sim, ela está repleta de padrões elegantes e sutis, além de que, tem sua própria concepção de beleza. Coube ao homem a tarefa de investigar como funcionam os surpreendentes mecanismos desse Universo que nos envolve. Qual seu alicerce e qual o segredo de sua arquitetura? Foi nessa tarefa ou nessa busca que revelou-se, entre tantos outros, um grande segredo que foi batizado como *número de ouro*. É óbvio que nunca existiu uma procura específica a esse número, acredito que jamais na história da humanidade, alguém em algum momento, ou lugar tenha dito: *vou sair à procura do número de ouro*. Sua origem é muito mais complexa e está ligada às muitas indagações e pesquisas realizadas pelo próprio homem.

De qualquer maneira, ele foi descoberto, sua presença é marcante não só nos vegetais, mas nos seres vivos em geral, inclusive no homem, nos cristais, na Natureza e no próprio cosmos. Depois de sua descoberta, de forma brilhante, o homem, através da Álgebra, o equacionou e chegou numa proporção, à qual deu o nome de *Proporção Áurea*, e foi através, principalmente, da Geometria que pode vislumbrar as formas perfeitas que a ele estão relacionadas. Foi através dele que buscou o entendimento não só da estrutura da Natureza e do Universo mas, principalmente, do próprio homem.

A *Proporção Áurea* é uma ferramenta matemática que se caracteriza por ser um dos mais eficientes recursos para se alcançar a proporcionalidade estética e a beleza. Esse conceito não é atual, foi amplamente utilizado através de toda a história, na Arquitetura, nas Esculturas, na Pintura, na Música etc.. Até mesmo Stradivarius o utilizou para construir seus famosos violinos. Os antigos egípcios já conheciam a Proporção Áurea e a usaram nas pirâmides assim como os gregos, também, em seus templos.

Foi através de seu manuseio que o homem descobriu que existe algo incompreensível em tudo aquilo em que ela está presente, algo que mesmo sem perceber age de forma poderosa e subliminar no senso estético, não apenas naquele que pinta, esculpe, constrói, mas principalmente sobre o olhar de quem aprecia.

A Natureza é pródiga na criação de formas e relações matemáticas sob os mais variados aspectos, dizem que quando deus fez o mundo, ele *geometrizou*: são triângulos, círculos, quadrados, cubos, esferas e até formas mais complexas como hexágonos e espirais, basta observar. Foram os estudos dessas formas e a busca da compreensão da Natureza que moveu o homem através dos tempos e o fez evoluir até os dias de hoje.

Com relação a esse assunto, este trabalho tem três objetivos básicos:

- Mostrar a relação entre a Matemática e o padrão estético criado pela Natureza, na tentativa de entender este padrão de beleza que tem suas raízes ligadas ao número de ouro.

- Despertar a atenção para, certos comportamentos da Natureza e como eles são regidos por determinados padrões associados a conceitos matemáticos.

- Mostrar como o homem conseguiu transferir e fazer uso do padrão estético da Natureza em seu benefício.

Os conceitos que aqui serão abordados são, na realidade, uma diminuta parte de tudo que existe sobre esse assunto e para todos aqueles que pretendem, conhecer mais sobre esse assunto, eu recomendo uma consulta à bibliografia desse livro, assim como vários sites que existem na internet.

São Paulo março de 2007

Os Planetas e a origem do pentagrama

Rua espada nua.
Bóia no céu imensa e amarela.
Tão redonda Lua.
Como flutua.
Vem navegando
O azul do firmamento.
E no silêncio lento
Um trovador, cheio de estrelas...
Mestre Tom Jobim [2]

Ser contemporâneo de Tom Jobim é um privilégio, mas a apologia aos astros já não é um privilégio apenas do homem atual ou da nossa época, ela vem de longa data, desde nossos ancestrais mais remotos. Foi olhando e observando o céu, e tendo as estrelas como guia, que o homem aprendeu a caminhar na Terra, foi assim que ele viajou e descobriu novos

[2]Antonio Carlos Brasileiro de Almeida Jobim, ou simplesmente Tom Jobim 25/01/27 - 08/12/1994. *O Maestro soberano*, segundo Chico Buarque, foi pianista, compositor, cantor, arranjador e violonista. Nome consagrado internacionalmente, nos deixou inúmeras obras de raríssima beleza poética e musical.

continentes e assim ampliou sua visão e seu conhecimento sobre o planeta em que vivia. Dentre todas as belas estrelas que podemos enxergar é certo dizer que o Sol sempre foi para nós, a mais importante. Foi o Sol que espantou as trevas dando ao homem primitivo a luz, espantou o frio dando-lhe o calor, sazonou as colheitas, mais tarde verificou-se que também é responsável diretamente pelas marés alta baixa, além é claro, de uma infinidade de outras influências sobre nossas vidas e de nosso planeta como um todo. Ao redor dele, nossa pequena e maravilhosa estrela, giram nove planetas, palavra esta que vem do grego *planetés* e que significa *errante*, pois os antigos gregos não conseguiam explicar a irregularidade dos movimentos e dos ciclos dos cinco planetas conhecidos na época, Mercúrio, Vênus, Marte, Júpiter e Saturno.

Sempre venerado pelos povos antigos, o Sol chegou a receber o título de deus, são exemplos o caso dos egípcios com *ra*, o *deus-Sol* oriundo de *Heliópolis*, para os gregos, *Hélio* ou para os celtas, *Lugh*, o brilhante. Para, o filosofo grego, Platão, o céu era uma expressão da razão divina, ele descrevia as estrelas e os planetas como imagens de divindades imortais cujos movimentos provinham de perfeitas ideias matemáticas que, por sua vez, determinavam os padrões temporais. Logo, não é de se admirar que esses astros tenham sido, de alguma maneira, homenageados pelo homem, e foi com o desenvolvimento do calendário, que estas homenagens apareceram: foram referenciados nos nomes dos dias da semana. Encontramos com facilidade vestígios dessa adoração mesmo nos dias atuais.

É lógico que o astro-rei ficou com o primeiro dia, o domingo inicialmente significando *dia do Sol*, para os povos pagãos ou *Dia do senhor* para os cristãos. Hoje, mesmo entre os povos mais cultos são facilmente encontrados vestígios dessa adoração, em inglês *Sunday*, em alemão *Sonntag* ambos significando *Dia do Sol*, em latim *dies Domenica* em italiano *domenica* em francês *dimanche* e em português e castelhano *domingo*, todos significando *dia do Senhor*.

Numa justa homenagem à Lua ficou ela com o segundo dia, para nós *segunda-feira*, em inglês *Monday*, em latim *lunae dies*, em francês *Lundi*, em italiano *Lunedi*, em espanhol *Lunes*. Todos com o mesmo significado *dia da Lua*.

O terceiro dia, *terça-feira* em português, foi uma homenagem ao deus da guerra, que governava o destino das nações, o astro que leva seu nome é Marte (quarto planeta em ordem de afastamento do Sol, possui dois satélites). Invocado antes das guerras recebia ações de graças depois das vitórias. Os primitivos ingleses deram ao deus da guerra o nome de *Tyr*, que, mais tarde, originou a palavra inglesa atual *Tuesday*, em latim *Martis dies*, em italiano *martedi*, em francês *mardi* e em espanhol *martes*. Todos com mesmo significado *dia de Marte*.

O quarto dia, *quarta-feira* em português, foi dedicado ao deus do comércio e dos ladrões, *Mercúrio*, planeta interior, o menor do sistema solar e o mais próximo do sol que protegia os comerciantes e seus negócios. Os germanos usaram o termo *mittwoch* que significa *meio da semana*, já os ingleses referenciaram o maior dos deuses das raças nórdicas, *Wotan* e ficaram com o termo *Wednesday*, em latim *Mercurii dies*, em italiano *mercoledi*, em francês *mercredi*, em espanhol *miércoles*. Todos significando *dia de Mercúrio*.

O quinto dia, *quinta-feira* em português, foi dedicado ao comandante dos ventos e pai dos deuses (Zeus entre os gregos), que tinha o poder de emitir raios e liberar grandes trovões. Júpiter, o maior planeta do sistema solar, com doze satélites, era o deus das tempestades. O povo germano também reverenciava e homenageava este deus poderoso com o termo *Donnerstag*, dia de Donner, o trovão, assim como, o povo escandinavo cujo nome do deus do trovão é *Thor*, imagem conhecida mundialmente por um ícone: o seu martelo; talvez o termo *thunder* (trovão) em inglês tenha aí sua origem. O quinto dia em inglês ficou *Thursday*, em latim *Jovis dies* em italiano *giovedi*, em francês *jeudi* e em espanhol *jueves*. Todos com o mesmo significado *dia de Júpiter*.

O sexto dia, *sexta-feira*[3] em português, homenageou a deusa da formosura, do amor e dos prazeres: *Vênus*. Para os povos nórdicos ela se

---

[3] A palavra *feira*, depois da numeração ordinal, tem origem na tradição cristã quando da comemoração da páscoa ou morte e ressurreição de Cristo, durante uma semana inteira. Devido a um costume cada vez mais enraizado entre o povo, o imperador Constantino resolveu criar uma lei que tornou feriado todos os sete dias de comemoração, ou seja, *Feriatu* ou *Feriae* em latim. A tradição de numerar os dias a partir do sábado fez com que se colocassem em ordem os dias *prima sabbati, secunda sabbati*... etc., ou primeiro dia depois do sábado, segundo dia depois do sábado... etc. Mas com o passar do tempo optou-se por conservar o *domingo* como *dominus* e trocaram a palavra *sabbati* depois dos ordinais por *feriae*, ficando *prima-feriae, secunda feriae*... etc. que designavam os sete dias de feriado. O papa São

chamava *Friga,* de onde se explica os nomes *Friday* em inglês e *Freitag* em alemão, em latim *Veneris dies,* que, por sua vez, dá origem na língua portuguesa às palavras *venerar:* (tributar grande respeito, adorar); e *venereo* (aproximação sexual, sensual, erótico); em italiano *venerdi,* em francês *vendredi* e em espanhol *viernes.* Todos com o mesmo significado *dia de Vênus.*

O sétimo dia, *sábado* em português e espanhol, foi dedicado a Saturno. É o segundo planeta em volume do sistema solar. Distingui-lo dos demais é fácil, pois possui um sistema de anéis em sua volta, tem dez satélites e, na Mitologia romana, era considerado o deus principal do Olimpo. Deveria ter o seu nome reverenciado no sexto dia, mas, tendo sido despojado por Júpiter, saiu a procurar refúgio numa península que mais tarde ficou conhecida como *Saturnia Tellus,* terra de Saturno. A homenagem a Saturno, ou seu nome num dia da semana, conservou-se apenas com os povos primitivos da Inglaterra dando origem ao termo *Saturday* dia de Saturno, ou *Saturni dies* em latim. Já com os povos latinos essa homenagem perdeu-se com o tempo, dando lugar ao termo hebraico *shabbath* que significa *repouso.* Segundo a Bíblia, deus construiu o mundo em seis dias e descansou no sétimo (daí o antigo costume de também se descansar aos sábados); em italiano ficou *sabbato,* em francês *samedi.*

Foto do planeta Vênus

Silvestre regulamentou essa prática conservando os nomes de *Domingo,* como dia do Senhor, e do *sábado,* com base no antigo testamento. Somente os portugueses aderiram a esta nomenclatura e daí em diante o tempo encarregou-se de adaptá-las nos deixando então, a palavra *feira,* ou melhor: *segunda-feira, terça-feira... etc.*

Com exceção do Sol e da Lua, Vênus é o astro mais brilhante do céu aos nossos olhos. Conhecido atualmente como Estrela da manhã ou Estrela da Tarde, é em determinados períodos, visto na aurora do dia, pouco antes do nascer do Sol e em outros momentos pode ser observado no ocaso, logo após o pôr-do-Sol. *Veneris dies* ou sexta-feira foi o dia da semana escolhido, há mais de 4.000 anos pelos astrônomos caldeus, para homenageá-lo.

A beleza de seu brilho foi associada à beleza do amor e da mulher e, consequentemente, a deusa mitológica da beleza foi associada ao planeta Vênus que, com o decorrer do tempo transformaram-se na mesma coisa. Em remotas épocas era representado por astrônomos por um círculo e um traço reto ♀ representando a vida e a fecundidade. Depois, na Idade Média passou a ser representado pelo símbolo ♀ inspirado num espelho, objeto comum à mulher vaidosa até os dias de hoje. Assim, a divina deusa, que também era conhecida por *Estrela Oriental* ou *Estrela do pastor*, ficou homenageada no céu noturno, ligada, portanto, à beleza, à Natureza e a Mãe Terra. Os povos antigos descobriram uma curiosidade sobre o planeta Vênus: sua translação é de cerca de 225 dias, mas a cada oito anos, além de passar por um período de máximo brilho, quando pode ser observado a olho nu mesmo durante do dia, a cada 40 anos descreve no céu o desenho de um perfeito pentágono[4], então passou-se a usar esta figura como símbolo da beleza divina, da perfeição e das qualidades do amor, e o pentágono passou a ter suas origens ligadas a uma divindade mitológica.

Em homenagem a este ciclo de oito anos de Vênus, os gregos o empregaram para organizar seus jogos olímpicos e até hoje o intervalo de quatro anos entre as Olimpíadas modernas corresponde à metade do ciclo de Vênus[5].

---

[4] Do latim *pentagonum*, do grego *pénta* (cinco) + *gon* (de) + *gônia* (ângulo), logo pentágono é uma figura geométrica que possui cinco lados, cinco ângulos e cinco vértices.

[5] A estrela de cinco pontas quase foi adotada como símbolo oficial das Olimpíadas, mas foi modificada e substituída pelas cinco argolas que representam a união entre os povos dos cinco continentes que se unem em harmonia durante os jogos.

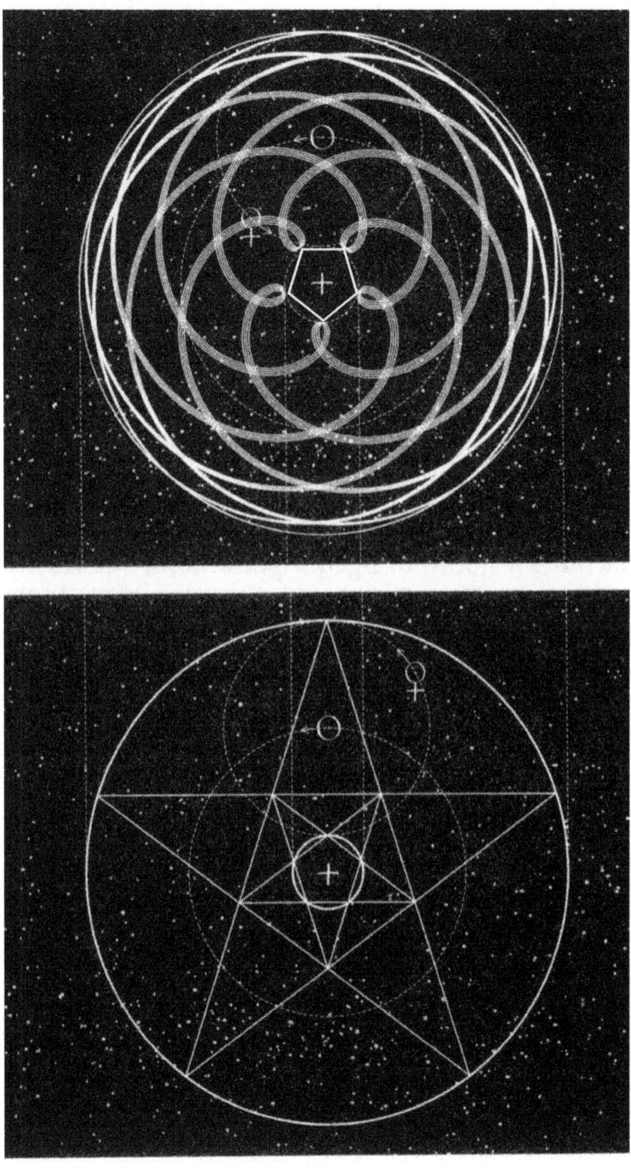

Diagrama mostrando o desenho, visto da Terra, feito por Vênus no céu.

A partir do pentágono pode-se, com a união de suas diagonais, obter a estrela de cinco pontas ou o *pentagrama* em português, *pentragramme* em francês, *pentagram* em inglês e alemão, todos derivados da palavra grega *pentágrammon* que, por definição, é uma figura de cinco pontas, letras ou sinais, e à qual se atribuem poderes mágicos. Talvez seja o mais famoso símbolo das artes mágicas. É considerada, ainda, a estrela da sorte. Pentagrama também é o nome dado às cinco linhas, ou pauta de cinco linhas, onde se desenham os símbolos das notas musicais, afinal de contas, é indiscutível que a Música possui uma grande magia.

O nascimento de Vênus, quadro do florentino renascentista Sandro Botticelli 1445 - 1510, onde, com uma elegante melancolia, afasta-se dos motivos científicos e retrata a Mitologia. Vênus nasce de uma enorme concha com a casta Hora trazendo um manto florido para cobrir sua nudez e ser conduzida ao Monte Olimpo pelos ventos do ocidente - os Zéfiros - representados aqui por dois amantes que sopram pétalas de rosas para perfumar o ar. Lá tomará seu lugar junto aos deuses imortais.

O Pentagrama e sua história

A arqueologia mostra que o uso do pentagrama por povos antigos foi um hábito, pois aparece em artefatos encontrados nas escavações atuais, como cerâmicas e moedas, mas que se perdeu no tempo. Talvez o exemplo mais antigo seja do período de Uruk IV na Babilônia, cerca de 3.000 a.C. Por volta do século V a.C. os pentagramas foram usados pelos gregos em moedas; aparecem em um disco de alabastro ou embalagem para perfume, que data da época Alexandrina ou de Alexandre, 356 a.C. - 323 a.C e, depois, e em cerâmicas com os italianos e judeus. Na maioria das vezes uma letra foi escrita em cada ponta da estrela. No caso dos gregos, as letras eram: *gamma, Iota, theta* e *alfa* que formam a palavra *hygieia,* que significa saúde e é a mesma que dá origem à nossa atual *higiene.* Pesquisas levam a crer que estes pentagramas eram usados como amuletos para a saúde. Mas, curiosamente, voltaram a ser utilizados pelos romanos novamente em moedas.

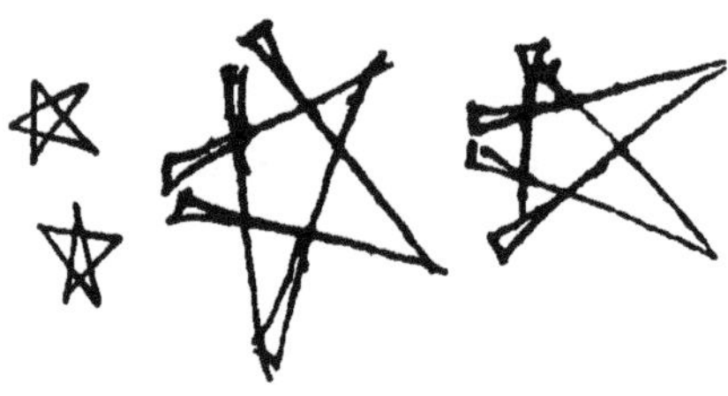

Pentagramas da antiga Mesopotâmia, da esquerda para a direita, pictográfico de Uruk ± 3.000 a.C. cuneiforme de Fará ± 2.600 a.C. e de Sargon ± 2.400 a.C.

Pentagrama presente em moeda romana de 78 a.C.

Na antiga Mesopotâmia, o pentagrama foi usado com inscrições reais, também foi usado como símbolo do poder imperial e entre os hebreus como símbolo da verdade inserido junto aos cinco livros do Pentateuco ou do velho testamento, atribuídos a Moises. Os primeiros cristãos relacionaram o pentagrama às cinco chagas de Cristo e, desde então, até os tempos medievais, foi usado como um símbolo cristão.

Um dos 243 tabletes do período de Uruk III ± 3.000 a.C., o pentagrama aparece 46 vezes em 33 delas.

Pentagramas judaicos encontrados na Palestina, ± 500 a.C.

O símbolo do pentagrama talvez tenha surgido de maneira semelhante a outros talismãs, ou seja, objetos que teriam, teoricamente, determinados poderes ou como as imagens que têm, de alguma forma, o *poder* de realizar milagres. Logo ele foi associado à capacidade de proteger o homem dos perigos através da captação de energias benéficas e, assim, passou a representar uma espécie de *proteção*. Como vimos, o pentagrama é um símbolo pré-cristão e está diretamente relacionado com a adoração à Natureza. Sua história é longa, mas foi principalmente durante a Idade Média que sofreu muitas alterações em seu significado. Ele é a forma mais simples de estrela que pode ser traçada com uma única linha e, por essa propriedade, acabou sendo chamado de *Laço infinito*.

Ao lado, uma rocha, encontrada na Palestina, datado de 4.500 a 3.100 a.C., com a incisão de um pentagrama. Encontra-se, atualmente, no Museu de Israel.

No ano 312 d.C. Helena foi nomeada imperatriz e Constantino imperador de Roma, depois da posse militar e religiosa que deu-se com a ajuda da igreja cristã, Constantino passou a usar como selo e amuleto, um pentagrama junto com uma espécie de cruz denominada *chi-rho*[6]. O *Dia de Reis* ou a *Epifânia*, - data que se comemora a adoração por parte dos reis magos - à Jesus, assim como a missão da igreja de levar a verdade ou os ensinamentos cristãos aos pagãos, tiveram como símbolo o pentagrama. E foi assim que, durante o Período Medieval, o *Laço Infinito* acabou virando o símbolo da verdade e da proteção contra demônios, além de ser usado como amuleto de proteção pessoal e ainda como guardião de portas e janelas.

---

[6] Palavra oriunda do anagrama das duas primeiras letras de Cristo em grego - Χριστός ou Christós - o *Chi* de CH e o *Rho* de R.

À esquerda, o símbolo *chi-rho,* à direita exemplo de uso do símbolo em moeda.

Em 1118 nove cavaleiros de origem francesa fundaram a *Ordem dos Pobres Cavaleiros de Cristo e do Templo de Salomão*, conhecida também como *Ordem do Templo.* O nome advém do fato de terem recebido uma área, para construção de sua sede, que correspondia ao Templo de Salomão em Jerusalém. A sua divisa era: *Non nobis, Domine, non nobis, sed nomini Tuo da gloriam,* ou *Não a nós, Senhor, não a nós, dai a glória ao Vosso nome.* Passaram a ser conhecidos como *Templários* e, à priori, tinham o objetivo de proteger peregrinos em sua caminhada para a Terra Santa e de recuperar documentos e a história do povo cristão. Mas alguns documentos poderiam abalar, por motivos desconhecidos, os alicerces da igreja católica. Segundo a lenda, eles teriam encontrado documentos no próprio local que receberam para construir o templo, assim como teriam ficado com a posse do Santo Graal, o cálice com o qual Jesus Cristo teria tomado vinho em sua última ceia com os apóstolos. O que não fica claro é se os Templários conseguiram realmente tais documentos e também a história não revela se a igreja católica tentou comprar o silêncio deles ou se, ao contrário, esta é que foi chantageada pelos cavaleiros. O que ficou registrado na história é que o papa Inocêncio II (1130 - 1143), publicou uma *bula* papal concedendo aos Templários privilégios ilimitados declarando-os *isentos da jurisdição episcopal,* ou seja, livres para exercer suas atividades tanto religiosas quanto políticas, independente de toda e qualquer interferência de reis e prelados.

Os Templários foram uma ordem militar formada por monges durante as Cruzadas que ganharam riqueza e proeminência, com essa concessão do papa. Passaram a receber doações de todos aqueles que se juntavam a eles e, pouco a pouco, ficaram e permaneceram muito ricos. Chegaram a ser credores do papa e da corte francesa, além de adquirirem grandes propriedades em vários países. Seu rápido crescimento deu-se, não apenas, em número, mas também em força política. Durante os séculos XII e XIII, também foram considerados reduto de sabedoria oculta na Europa, cujos segredos só eram transmitidos a poucos membros em seções religiosas sob sigilo absoluto. Chegaram ao nível de emprestar dinheiro ou conceder créditos a nobres falidos. A cobrança de juros sobre esses valores fez com que aumentassem ainda mais suas riquezas e influências. Segundo a história, os cavaleiros ficaram mais ricos e poderosos que muitos soberanos da época. É óbvio que tal riqueza, poder e influência começaram a incomodar a igreja, foi então que, no início do século XIV, o papa Clemente V (1305 - 1314), tomou providências no sentido de acabar com tais regalias e, mais precisamente, no ano 1307, iniciaram-se as perseguições aos membros da ordem.

Então, um conluio entre o papa e o rei francês Filipe IV - o qual, segundo consta, era grande devedor de dinheiro para a Ordem - originou um plano para acabar com os Templários e, consequentemente, tomar suas riquezas e acabar de vez com os possíveis segredos que serviam para *manipular* o Vaticano. O plano foi o seguinte: o papa Clemente enviou cartas secretas e com conteúdo trágico, lacradas, para os soldados militares de toda a Europa. A ordem era que fossem abertas todas juntas no dia 13 de outubro de 1307, uma sexta-feira. No dia previsto, os documentos foram abertos pelos militares e seus conteúdos revelados. Nesses documentos estava escrito que o papa Clemente recebera uma visão através da qual deus o teria alertado contra os Templários, afirmando que eles praticavam atos hereges, que desrespeitavam o sagrado símbolo da cruz e adoravam o demônio, entre outras acusações. Ainda segundo a carta, deus o teria escolhido e dado-lhe a missão de acabar com tais ordens torturando todos seus idealizadores até confessarem seus pecados contra o criador. O plano funcionou como um bom relógio suíço e, no mesmo dia e na mesma hora, foi preso o Grão Mestre dos Templários, Jacques De Molay, que se encontrava na França, como hóspede do rei. Vários Templários foram destruídos, assim como inúmeras pessoas acusadas de heresias foram presas, torturadas e condenadas a virar churrasco em praça pública. Ainda restam vestígios dessa atitude da igreja católica mesmo que ignorada por muitos atualmente, mas a sexta-feira 13 é até hoje considerada sinônimo de azar ou dia do azar.

Todos os cavaleiros que acompanhavam o Grão Mestre, assim como outras pessoas que se encontravam nos Conventos, foram imediatamente presas, e seguindo as ordens do rei, foram interrogados pelos inquisidores para que confessassem as supostas heresias. Também houve ordens para o emprego da tortura quando se tratasse de acusações mais sérias contra os cavaleiros, tais como apostasia da fé e idolatria, entre outras. Depois das torturas, confissões e execuções, o papa Clemente V oficialmente aboliu a Ordem dos Cavaleiros Templários em 22 de março de 1312. Daí em diante seguiu-se outro período negro da inquisição, o tempo das torturas e falsos-testemunhos, de queimar pessoas esparramando o terror por toda a Europa. E o Pentagrama, que antes representava a beleza, a verdade implícita, o misticismo religioso e o trabalho do criador, depois da inquisição, passou a ser um símbolo associado ao mal.

Mas, o que foi a inquisição?

Em rápidas palavras posso dizer que a inquisição foi um movimento criado pela igreja católica para combater, segundo os conceitos da época, o que ela própria denominava *heresia* e salvar as almas dos também, por ela própria, considerados *hereges*. O controle foi basicamente feito através de um tribunal fundado pelo papa Gregório IX em 1231, na Itália, e cujos componentes eram chamados de inquisidores e, depois, oficializado pelo papa Inocêncio IV que, a partir de 1254, tornou prática frequente as mesmas torturas evitadas e condenadas por papas antecessores. A não retratação por parte do acusado o levava à tortura e à condenação, tudo em nome de deus. Na Espanha, a inquisição foi instaurada em 1478 e em Portugal, em 1536. Num todo, o movimento só terminou por volta do ano de 1820.

Aqui cabe uma curiosidade, em 1484 a inquisição publicou o livro *Malleus Maleficarum* - ou o *Martelo das Feiticeiras* escrito pelos inquisidores Heinrich Kramer e James Sprenger - que doutrinava as pessoas sobre os perigos das então denominadas *bruxas* e *feiticeiras* na sociedade e instruía o clero sobre como identificá-las. Por muitos críticos e autores é considerado o livro mais sangrento da humanidade[7]. Durante um período de 300 anos e

---

[7] Para aqueles que se interessam por esse assunto, este livro foi traduzido para português e publicado pela Editora Rosa dos Ventos. Além de ser considerado um livro sanguinário é também o grande livro, da história, contra o feminino. Um

com base neste livro de *caça às bruxas* a igreja católica identificou, perseguiu, torturou e queimou na fogueira a quantidade impressionante de cinco milhões de mulheres. Não é de se admirar que os principais símbolos do cristianismo sejam a *cruz* e o *crucifixo*, onde ambas as palavras derivam do latim *cruciare*, que significa *torturar*.

Durante o período da inquisição, a igreja católica, por interesses próprios, criou várias acusações e mentiras contra os Templários, como o de cuspir na cruz, praticar rituais de cunho sexual e homossexual, esta acusação foi alicerçada no símbolo da Ordem que tinha dois cavaleiros usando o mesmo cavalo. Até concordo que era um símbolo meio estranho, mas...

Insígnia da ordem

Manuscrito medieval acusando os Templários de sodomia.

Os templários também foram acusados de adoração ao demônio e a falsos ídolos, a consequência foi imediata: o pentagrama foi associado, por justaposição como mostra a figura a seguir, a uma cabeça de bode, ou ao diabo que foi chamado de *Baphomet*[8].

Assim os Templários foram acusados pela inquisição por adoração a um falso deus pagão. Baphomet, uma figura estranha e de gosto duvidoso, possuía cabeça de bode, chifres e sua imagem foi associada ao conceito do mal. Foi aí que o papa Clemente V novamente entrou em ação e conseguiu convencer todos que esta era a imagem do demônio. Aliás,

---

subproduto da ignorância humana e da intolerância do cristianismo medieval, que, diga-se de passagem, não mudou muito até os dias atuais.

8 A origem desse nome ficou perdida no tempo, mas é provável que derive da união das palavras gregas *Bath* e *Metis* que significa *batismo de sabedoria*. Esta mesma palavra em hebraico é *Beth-Pe-Vav-Mem-Taf*, ao ser usado o método de codificação dos cabalistas judeus obtém-se *Shin-Vav-Pe-Yod-Alph* que soletra-se *Sophia*, palavra grega que significa *sabedoria*.

novamente a título de elucidação, o conceito atual de diabo ou satã com chifres tem origem nesse episódio. Acontece que os Templários se baseavam na Mitologia grega ou mais especificamente em Zeus, o pai dos deuses, que foi amamentado pela cabra *Amaltéia*, cujo chifre se partiu e magicamente se encheu de frutas, fazendo com que os chifres de Baphomet fossem associados à fertilidade e ele ao deus da fertilidade. Logo, ao idolatrar Baphomet, os Templários nada mais estavam fazendo que homenagear a magia criadora da união sexual.

Baphomet

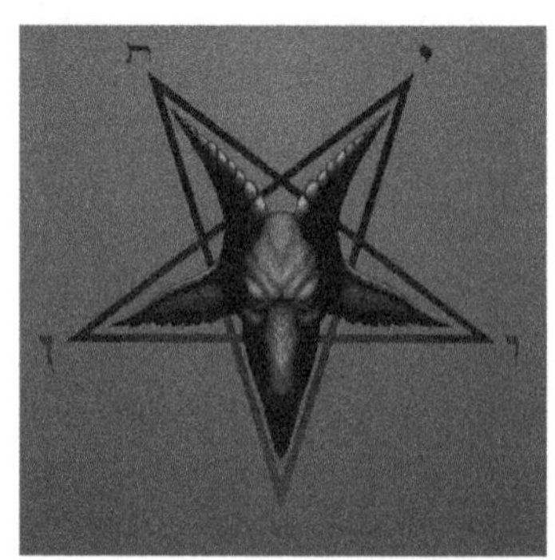

Pentagrama associado à Baphomet

Foi nesse período que ervas potentes e drogas trazidas do leste durante as Cruzadas, elaboradas por cristãos, enriqueceram a farmacopéia dos curandeiros, dos sábios e das bruxas na Europa. É certo que algumas curas aconteciam, mas também era comum, devido à falta de preparo no manuseio de tais drogas, que outras tantas pessoas morriam por envenenamento. E foi o uso e o conhecimento dessas drogas e venenos que atraiu a atenção dos dominicanos[9] da inquisição, para os sábios e principalmente para as mulheres, as bruxas. Também foi nesse período que durante a purgação das bruxas, outro deus cornudo, conhecido como *pan*, foi comparado ao diabo. Com esses acontecimentos foi inevitável, pela primeira vez, o pentagrama foi associado ao mal e chamado *Pé de Bruxa*.

Aqui, vale outro comentário a respeito do que era ser *bruxa* no Período Medieval e durante a inquisição. Muitas vezes é difícil entender a

[9] Pessoas nascidas na República Dominicana, país do Caribe que ocupa a parte oriental da ilha de Hispaniola.

política, ou os fatos, de uma época específica, sem conhecer um pouco do momento histórico no qual aconteceu.

Devido a uma insânia da igreja católica, nesses períodos, foi criado a inquisição, e o tribunal da santa fé distribuiu, caçadores de bruxas por toda Europa, ficaram espalhados por toda parte, mais ou menos como traficantes e políticos desonestos espalhados pelo Brasil, e suas vítimas eram em sua maioria mulheres. Foi um período difícil, principalmente, para a população feminina, pois qualquer coisa de mal que acontecesse, fosse falta de chuva, frio ou calor muito intenso e até uma praga na lavoura ou uma epidemia, alguém tinha que ser responsabilizado, e normalmente eram as mulheres. Demônio, diabo, satanás, qualquer que fosse a designação dada a um ser do mal, sempre era nome masculino, como ainda é até hoje, logo as bruxas podiam sair voando até as montanhas e lá, por causa de sua sexualidade, copularem com *ele,* o demônio, conforme os conceitos da época. Logo, as mulheres, principalmente aquelas que eram especialistas em remédios de manipulação, poções, rituais de cura, venenos etc. eram consideradas *bruxas* e uma acusação de bruxaria, espalhava-se pela cidade como uma praga numa lavoura, tornando a acusada alvo fácil para condenações.

Acontece que as mulheres ocuparam posições, desde a mais remota antiguidade - diante do saber natural ou do próprio conhecimento que muitas vezes era passado de geração em geração - de *curadoras, parteiras* e, até mesmo, *xamãs* ou *exorcistas* em várias tribos. E esse tipo de conhecimento, naturalmente, foi se aprimorando com o tempo. Na Idade Média, as famílias pobres, principalmente os camponeses, tinham nas mulheres, as conhecedoras de ervas e poções, eram *as médicas* da família, além de que, era comum, como até hoje, principalmente no interior, que elas fizessem atendimento de casa em casa como parteiras ou receitaderas de remédios populares. Com o passar do tempo, essas *médicas* passaram a ser uma ameaça aos médicos acadêmicos. No período feudal, era comum o relato de confrarias, formadas por essas mulheres, com intuito de troca de informações e segredos sobre a cura do corpo. Antes mesmo da centralização dos feudos, origem de algumas nações, as mulheres tinham participação ativa até mesmo nas revoltas camponesas. A partir do século XIII, através da fé, ou melhor, principalmente do catolicismo e, mais tarde, do protestantismo, o feudalismo chegou ao fim e aconteceu a centralização do poder. Para a sociedade urbana, com seus conceitos sociais hierarquizados a partir do homem, foi difícil aceitar tal domínio das mulheres. E aconteceu que, depois da criação da inquisição e através dos tribunais da santa fé, as mulheres camponesas foram perseguidas, torturadas e assassinadas por toda a Europa. As massas camponesas tinham que se adequar ao novo momento e aceitar as novas regras, principalmente as hierárquicas, que vinham dos grandes centros que estavam se formando. Esse tipo de comportamento talvez tenha atingido seu apogeu por volta do século XVII, onde os menores deslizes, os mais simples gestos ou o sussurro de um simples boato levavam a pessoa a ser julgada, condenada e queimada. É mostra desse comportamento a palavra *pagão* que tem sua raiz ligada ao latim *paganus*, e que significa *habitante do campo ou morador da vila - o vilão*. À época das cruzadas os pagãos eram literalmente homens do meio rural que não haviam ainda recebido os ensinamentos cristãos e se apegavam a conceitos das velhas religiões. Assim, o termo *pagão* tornou-se quase sinônimo de adoração ao demônio pois, com o tempo, perdeu-se seu significado real, o mesmo aconteceu com o termo *vilão* que passou a ser interpretado como *malfeitor*.

A força repressora associada à falta de alternativas juntamente com o medo da perseguição da igreja, fez com que não só as antigas religiões e seus símbolos, mas a Ciência ficassem à margem da sociedade e aos poucos caíssem no esquecimento.

Desde a época em que a Ciência começou a florescer na Babilônia, a Astrologia e a Astronomia caminharam juntas, servindo até para montar calendários com previsões baseadas nos astros. Mas, quando a Ciência babilônica chegou aos gregos, eles conseguiram separá-las e rejeitaram, em parte, a Astrologia. Por volta do século XV o *Período Medieval* chegava ao fim e as sociedades secretas, que durante a inquisição viveram tempos difíceis, ficando à mercê da igreja e tendo que realizar seus estudos às escondidas, poderiam, enfim desfrutar de liberdade, fazendo renascer o *Hermetismo*[10].

---

[10] Ciência doutrinária ligada ao agnosticismo surgida no Egito no século I, atribuída ao deus *Thot*. Esse deus foi chamado, pelos gregos, de *Hermes Trismegisto*, formado principalmente pela associação de elementos orientais e neoplatônicos, fixou-se na sociedade como um ensinamento secreto em que se misturam Filosofia e alquimia: a ciência oculta da arte de transmutar metais em ouro. Hermes ou Mercúrio era filho de Júpiter e de Maia, era o deus do comércio, das lutas, dos ladrões e de tudo aquilo que exigisse destreza e habilidade. Trazia asas no chapéu

No Renascimento, um novo conceito de mundo se apresentava ao homem e o Pentagrama, com seu significado místico, voltava à luz, saindo do anonimato e sendo reapresentado ao continente europeu. Por conhecer bem suas propriedades matemáticas, Pitágoras e seus seguidores, há muito, já haviam adotado a estrela de cinco pontas como símbolo para representar sua sociedade secreta. E, finalmente, o *Homem Pitagórico* ou o homem místico-moralista podia, novamente, tomar seu lugar. O pentagrama reapareceu, em seguida, em forma de uma figura humana com os braços e as pernas abertas, disposto em cinco partes em forma de cruz; e representando o símbolo, não apenas do conhecimento, mas da ordem e da perfeição da verdade divina.

Assim novamente os pentagramas começaram a ser reutilizados existindo, até mesmo, pentagramas específicos, como de amor, de má sorte, etc. No calendário do astrônomo dinamarquês, Tycho Brahe, *Naturale Magicum Perpetuum* de 1582, aparece a figura do pentagrama com um corpo humano sobreposto, este associado aos elementos terra, água, ar, fogo, e o espírito representado pela quinta essência, a *Quinta Essentia* dos alquimistas e agnósticos. Henry Cornelius Von de Agripa Nettesheim, contemporâneo de Tycho Brahe, mostrou, de forma similar, a mesma figura só que colocando, à sua volta, os cinco planetas e a Lua no ponto central da figura humana (a genitália).

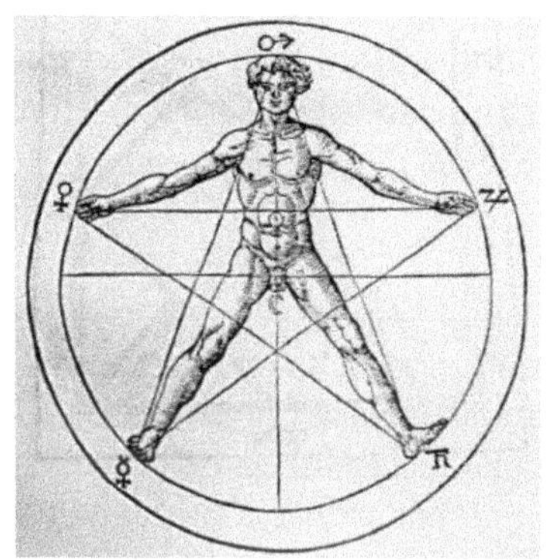

Corpo humano sobreposto a um pentagrama por Henry Cornelius. Em sua volta vê-se os cinco planetas e a Lua no ponto central. É a mesma figura que aparece no calendário de Tycho Brahe *Naturale Magicum Perpetuum* - 1582.

Outras ilustrações, mostrando as relações geométricas o homem com o Universo através do pentagrama, surgiram com o italiano Leonardo

---

e nas sandálias e, na mão, levava uma haste com duas serpentes, chamada *caduceu*; era também o mensageiro de Júpiter.

da Vinci. O pentagrama também foi adotado pela Maçonaria[11] e lá foi associado com a estrela de cinco pontas, a *Pentalpha,* para os gregos; depois foi adotado na França, por volta do século XVII, bem depois da fundação da *Primeira Obediência Maçônica Mundial*, a Grande Loja de Londres, criada em 1717. O símbolo maçom é composto pela metade de um quadrado, pela letra G e por um compasso. O quadrado representa a Terra e seu ângulo reto a retidão do comportamento de um maçom. A letra G em seu interior representa deus, pois é a letra inicial da palavra deus em vários idiomas[12], sendo a quinta consoante, também representa a quinta essência. O compasso representa a sabedoria e está aberto em 72 graus, trazendo as propriedades e estruturas geométricas do *Laço Infinito.* Na maçonaria nenhuma ilustração associando o pentagrama a qualquer sentido negativo, aparece até o século XIX.

Por volta de 1940, Gerald Gardner[13] adotou o pentagrama vertical como um símbolo usado em rituais pagãos, dando origem a nova religião de Wicca[14], mas foi a partir de 1960 que o pentagrama entrou em evidência como um forte talismã devido ao crescente interesse popular pela bruxaria além da publicação de muitos livros sobre o assunto, inclusive romances, sobre o assunto. Este tipo de atitude da população novamente preocupou a igreja católica, mas foi o pentagrama invertido adotado por Anton La Vay[15] em seu culto satânico ou em sua - *A igreja de Satanás* - que agravou a reação da igreja. E, novamente, o símbolo sagrado do pentagrama, invertido ou não, transformou-se em símbolo do diabo sendo associado a conceitos de magia: branca ou negra. Esse fato levou à formação de um forte código de ética Wicca - que trazia como preceito básico: *Não desejes ou faças ao próximo*

---

[11] Sociedade onde homens denominam-se irmãos e cultuam a liberdade, a fraternidade e a igualdade. Seus princípios são a tolerância, a filantropia e a justiça e seu caráter secreto deve-se a perseguições, a intolerância e a falta de liberdade.

[12] *Gás* em siríaco, *Gada* em persa, *Gud* em sueco, *Gott* em alemão, *God* em inglês etc.

[13] Nascido em Liverpool em 1883, com grande interesse pelo ocultismo, integrou muitas das diversas ordens secretas que surgiam na Inglaterra nos fins do século XIX. É responsável direto pela criação de várias práticas usadas hoje, em rituais de bruxaria.

[14] Religião pagã onde o pentagrama era desenhado nos altares dos rituais, fundada pelo britânico Gerald Gardner.

[15] Fundador da Igreja pagã ou igreja de satanás.

o que não quiseres que volte para vós, com três vezes mais força daquela que desejaste.

Alguns wiccanianos, se é que assim podem ser chamados, se posicionaram contra o uso do pentagrama como símbolo, temiam algum tipo de discriminação oriunda de religiosos que por ventura não concordassem com tal procedimento. Mas, de nada adiantou, o símbolo foi adotado. Surgiram então reações de grupos religiosos radicais principalmente nos Estados Unidos. Lá, cristãos fundamentalistas tornaram-se agressivos e contra qualquer movimento que envolvesse bruxaria e o símbolo do pentagrama. Mas, de nada adiantou. Apesar de tudo, o pentagrama se firmou mais uma vez como símbolo indicador de proteção, ocultismo e perfeição, permanecendo até os dias de hoje, representando o próprio corpo, os quatro membros e a cabeça, assim como significa os cinco sentidos e os cinco estágios da vida do homem:

Nascimento:	o início
Infância:	formação das bases do ser humano
Maturidade:	fase da comunhão e do conhecimento
Velhice:	fase de reflexão e momento de maior sabedoria
Morte:	o fim.

O número cinco representa o pentagrama, a estrela de cinco pontas que brilha por detrás da Rosacruz[16], símbolo da alma humana desenvolvida, também é o símbolo do quinquagésimo dia depois da páscoa, festa católica conhecida como *Pentecostes*, quando o Espírito Santo teria aparecido sobre os apóstolos.

O pentagrama despertou, desde há muito, não só a curiosidade no homem, mas também interesse científico. Era conhecido e utilizado pelos egípcios, pelos druidas[17] que o chamaram de *pé dos druidas*. Para Pitágoras era o símbolo da fusão da alma com o espírito; para os primeiros cristãos representou Cristo; para os alquimistas medievais o símbolo da *quinta essentia*, ou o *quinto elemento*, ou ainda o Espírito Santo, o matemático italiano Giordano Bruno, 1548 - 1600, considerava o número cinco o

---

[16] Organização não religiosa, de pensamento de caráter místico-filosófico, cuja principal finalidade é divulgar a própria filosofia. Seus estudos abrangem não apenas a ciência, mas o aspecto espiritual dos problemas relacionados à origem e evolução do homem e do Universo.

[17] Antigos Sacerdotes dos povos gauleses e dos bretões, povo antiga província francesa de nome Bretanha.

número da alma, por ser composto de igual e desigual, ou seja, a soma de par e ímpar.

O simbolismo está entre as ciências mais antigas da história da humanidade. O próprio firmamento foi observado e identificado por sinais e símbolos. Grandes mestres como Hermes Trismegistos, o lendário rei do Egito - que certa vez ordenou que os profundos mistérios da alquimia fossem escritos numa única safira – e Pitágoras já os ensinavam a seus discípulos. Estes sinais e símbolos são muito antigos e são considerados jóias escondidas nos cofres da doutrina universal. Eles representavam o mundo interior do Universo visível, mas, sobretudo, o mundo interior do homem. Pode-se encontrar, entre a maior parte dos povos, a *cruz* sob as mais diversas formas, o *hexágono*, a *rosa* e o *pentagrama*, ou *pentáculo*, para citar apenas alguns desses símbolos. Esses sinais são dirigidos ao homem interior, suscitando-o à reflexão ou impulsionando-o à ação. Hoje passa quase que despercebido o uso dos símbolos por comunidades esotéricas ou filosóficas, por corporações militares ou ainda por sociedades comerciais. Bandeiras, brasões e logotipos são alguns exemplos baseados na simbologia. Geralmente, o que está por trás de um símbolo é um assunto polêmico que, muitas vezes, só é revelado para aqueles que o conhecem e através dele mostram suas ideias.

O que resta, ao menos para o homem moderno, é respeitar não apenas os símbolos usados por outros povos, mas, acima de tudo, suas crenças e suas religiões. Não podemos nos comportar como pessoas do *Período Medieval* e simplesmente conceituar outras religiões como Mitologia. Pitágoras, filósofo e matemático grego, grande místico e moralista, iniciado nos grandes mistérios, percorreu o mundo em viagens e, talvez aí possam ser encontradas possíveis explicações para a figura do pentagrama estar presente, no Egito, na Caldéia e nas terras ao redor da Índia.

A Geometria do pentagrama e suas associações metafísicas foram exploradas pelos pitagóricos, que o consideravam um símbolo da perfeição. A relação matemática encontrada nesta figura, símbolo da perfeição, ficou conhecida como *Proporção Áurea,* proporção que, não apenas os gregos, mas o Europeu de forma geral, aplicou ao longo do tempo em sua arquitetura. Como veremos, ela pode ser observada em vários projetos dos mais variados tipos de construções e nas mais variadas épocas.

O que foi o Renascimento?

> *No que diz respeito às obras que mencionais – se contêm aquilo que também se encontra no Alcorão, são supérfluas; se contêm outra coisa, são nocivas; em qualquer dos casos devem ser destruídas.*
>
> *Califa Omar* (±600d.C.)

Para um melhor entendimento daquilo que significou o Período do Renascimento, precisamos voltar um pouco no tempo, mais exatamente nos primeiros séculos de nossa era.

Nesse período a Grécia estava em declínio, mas ainda restava a cidade de Alexandria, o centro dos poucos intelectuais que existiam. Enfraquecida com a corrupção, com ataques de raças bárbaras como godos, vândalos, hunos e árabes e a revolução moral de origem judaica, criou-se então um clima insustentável para o desenvolvimento e até mesmo para a sobrevivência da Ciência. Ainda restavam a Universidade e a Biblioteca, que possuía um grande tesouro: um impressionante acervo de livros. Seus organizadores percorriam os países do mundo à cata de livros, mandavam agentes ao exterior para comprar acervos e empreendiam buscas nos navios que paravam no porto, procurando não contrabando, mas livros, pois por lei todo e qualquer livro que fosse trazido à Alexandria deveria ser emprestado, copiado e depois devolvido. A respectiva cópia era deixada na Biblioteca, que era guardada em grandes pilhas chamadas *Livros dos navios*. Agindo desta maneira conseguiram reunir cerca de 700 mil manuscritos ou rolos de papiros que foram escritos ou copiados por volta de 40 a.C..

Para os cristãos, que tinham seus conceitos ligados diretamente às escrituras hebraicas, com suas primitivas ideias sobre o Universo, não foi difícil associar a imoralidade intelectual aos ensinamentos ou à cultura grega. Surgiram então, líderes religiosos como Justino, 100 d.C., que dizia: *o que há de verdadeiro na Filosofia grega, se pode aprender muito melhor com os profetas*; ou mesmo Clemente de Alexandria, 150 d.C.: *os filósofos gregos são salteadores e ladrões que dão como propriedade sua o que foram tirar dos profetas hebreus*; e Tertuliano: *depois de Jesus Cristo e de seu evangelho, a pesquisa científica tornou-se supérflua.* Mais tarde, já no começo do século IV, Lactâncio incluiu em suas *Instituições divinas* uma secção intitulada *Da falsa sabedoria dos filósofos*, que é destinada a cobrir de ridículo os conceitos da forma esférica da Terra. Sobre a existência dos antípodas[18], dizia ele ser um absurdo acreditar na existência um lugar onde o povo viva de cabeça para baixo e que a chuva, a neve e o granizo caiam para cima (nesse caso, o leitor há de concordar, era muita ignorância). Sobre isso, dizia Santo Agostinho 354 d.C – 430 d.C.:

> *Com referência aos antípodas, não existem provas históricas de sua existência, as pessoas simplesmente concluem que o lado oposto da Terra, que se acha suspensa na concavidade dos céus, não pode ser desabitado. Mas ainda que a Terra fosse uma esfera, não se inferiria daí que essa parte se encontra acima da água, e mesmo sendo esse o caso, que ela deva ser habitada. É por demais absurdo imaginar que homens do nosso lado possam ter atravessado o imenso oceano, para alcançar o lado oposto, ou que a gente de lá também possa descender de Adão.*

Acontece que os hebreus sempre se consideraram o povo escolhido, mesmo rodeados por antigas civilizações cujas crenças se alicerçavam em inúmeras divindades da Natureza. Pensaram ter um relacionamento direto

---

[18] Povo que mora no lado oposto da Terra em relação ao nosso.

com um único deus que sempre esteve acima de todos os outros seres. Depois que Moisés libertou seu povo da escravidão no Egito, passaram a aceitar esse deus de forma definitiva como o único salvador dos homens; após a revelação dos mandamentos no Monte Sinai a Moisés, os hebreus comprometeram-se a obedecer esse mesmo deus e à sua vontade a qualquer custo, pois o temor a ele, que poderia salvar ou destruir nações conforme a sua vontade, faz-se presente até os dias de hoje. Quando Jesus de Nazaré nasceu, o ambiente de expectativa entre os hebreus era extremo, não tinham mais como prolongar a espera de um messias para o cumprimento das profecias bíblicas. Cristo, mesmo não sendo um general de exército, característica comum dos grandes líderes, não só da época, mas principalmente da bíblia, foi aceito com o passar do tempo. Sua vida, morte e ressurreição aguçaram a fé religiosa para o monoteísmo gerando um rompimento com os deuses antigos, e com os velhos conceitos culturais, tomando um caminho sem volta. Cristo passou a ser o próprio princípio de sabedoria divina e deus passou a dirigir não só o homem, mas a humanidade e a história.

As teorias do astrônomo grego Ptolomeu ficaram em evidência até aproximadamente o século XVI, pois ia ao encontro dos anseios da doutrina bíblica. Os ensinamentos cristãos condiziam exatamente com os conceitos deixados por Ptolomeu, ou vice-versa, assim o alicerce científico que a igreja precisava, para mostrar que sua doutrina estava correta, foi dado por Ptolomeu, um legítimo cientista endossando a santa ignorância de homens, com seus credos e idades mentais duvidosas. Com o passar do tempo, a Ciência, principalmente a Astronomia, foi dando lugar aos mais delirantes pensamentos de teólogos e, dessa maneira, formaram-se as fundações e a base de uma igreja que se expandiu por toda a Europa, tudo alicerçado em ideias dogmáticas. Tornou-se fácil demais, a Ciência nada mais tinha a responder, pois não só o homem, mas os fenômenos naturais, a Natureza, a Terra, os planetas e o Universo resultavam de uma ação direta das mãos e da inteligência do *Senhor do Universo*, aquele que tudo pode e que tudo explica. Depois de enfrentar a oposição crescente dos cristãos, em 529 d.C. as escolas filosóficas pagãs de Atenas são fechadas pelo imperador Justiniano 483 d.C. - 565 d.C.. Foram consideradas uma ameaça ao cristianismo, e os cientistas e filósofos fugiram e, levaram tudo, ou o que ainda restava, dispersando-se entre a Síria, Pérsia, Roma e outros lugares. O ano de 529 pode ser considerado o fim do desenvolvimento científico da Europa antiga, passando as discussões sobre o *caminho para a salvação*, a serem consideradas mais importantes que as discussões científicas.

Que valor tem a Ciência, ante o credo religioso? Então Alexandria foi invadida e saqueada por cristãos, que, como bárbaros destruíram tudo aquilo que, de alguma maneira, iria contra a *verdade suprema* que lhes foi ensinada, a santa fé. Alexandria, que já era uma cidade decadente, viu sua Universidade chegar ao fim e passar ao domínio cristão a 10 de dezembro de 641 d.C.. Nesse triste dia, Alexandria sofreu o golpe derradeiro, uma invasão árabe, e novamente a história se repetiu, a cidade foi saqueada, devastada, e um último bloco de resistência, formado pelos gregos, tentou defender a Universidade e a Biblioteca. A resistência grega fez com que os soldados árabes se dirigissem a seu superior, o poderoso e *sábio* Califa Omar, para as ordens decisivas, então movido por um ideal inexplicável, o bárbaro respondeu a seus soldados: *No que diz respeito às obras que mencionais - se contêm aquilo que também se encontra no Alcorão*[19]*, são supérfluas; se contêm outra coisa, são nocivas; em qualquer dos casos devem ser destruídas.* Essas ordens foram bem claras: – *incendiar e destruir tudo* –, e assim aconteceu. Cerca de 600 mil documentos foram perdidos, substituíram as lenhas, antes destinadas a aquecer o banho dos bravos e ignorantes soldados, e arderam em chamas durante cerca de seis meses nas praças públicas de Alexandria. Foi a maior perda cultural da história da humanidade, e a longa história da Astronomia e da Matemática chegou ao fim em solo grego. Alexandria nunca mais se recuperou, as escolas desapareceram, os ensinamentos *profanos* foram destruídos, por serem considerados insultos a deus. A partir daí, toda a sabedoria ficou reduzida a um único livro: a bíblia e todos os conhecimentos passaram às mãos da igreja, às mãos de homens ignorantes com menos conhecimento na época, que uma criança de dez anos de idade hoje.

---

[19] Maomé, 570 d.C. - 632 d.C., nascido em Meca, apesar de, no início, não saber ler nem escrever, em suas viagens teve contatos com judeus e cristãos, então considerou-se um apóstolo de deus para seu povo. Diz-se que teve visões e que acreditava fossem mensagens de deus. Registrou-as num livro chamado Alcorão. Essas mensagens passaram a constituir a base de toda a doutrina religiosa chamada Islamismo. Maomé tornou-se grande líder militar e religioso e estabeleceu um centro maometano em Meca (qualquer semelhança com outra história, é mera coincidência).

Chegara a *idade das trevas*[20]. Não existia mais Filosofia, não existia mais Matemática, não existia mais Medicina, não existia mais Astronomia, não existia mais Química, e pior, não existia mais liberdade de expressão, enfim, não existia mais nada, ou melhor, passaram a existir homens mentalmente doentes, epidemias e muita ignorância. A Filosofia transformou-se em dogma religioso, fervilhados depois de profundas elucubrações e espasmos mentais de pessoas que não sabiam diferenciar a Lua do Sol. A Matemática, além de não ter qualquer significado moral, era tratada, quase que sem exceção, por homens de mentalidade teológica, e dessa maneira, caminhou pouco a pouco para o campo do misticismo e passou a servir apenas para a interpretação dos números da *sagrada* escritura. A Medicina deixada por Hipócrates e Galeno deu lugar a charlatões que vendiam amuletos e rezas para proteger os fiéis das doenças produzidas pelo demônio que vinha e atingia todo aquele que blasfemava contra deus, ou vinham do próprio deus em forma de castigo. Se os amuletos e as rezas não curassem a doença era porque a cura seria encarada por deus como um insulto. As pragas e as doenças em massa espalharam-se pela Europa provocando a morte de milhares e milhares de pessoas[21], mas sempre restava um consolo: as rezas em nome de deus, recitadas em prosa e verso no momento final de agonia da vítima. Infelizmente nessa época, a Astronomia virou Astrologia, convertendo-se numa Ciência tola baseada somente em superstições. Astrólogos enriqueceram predizendo o futuro de ignorantes que suplicavam a ajuda dos astros. A Química deu lugar a alquimistas ou mágicos, uma verdadeira insânia caiu sobre os homens. Os mais espertos, com algumas noções, diziam ser capazes de fazer milagres, resolviam qualquer problema, diziam existir uma *pedra filosofal*, e quem a encontrasse iria ser possuidor de poder e riquezas, muitos diziam tê-la fabricado e ainda diziam ter obtido a fórmula para transformar chumbo em ouro. Como herança desse período, os alquimistas deixaram-nos centenas de livros em que diziam ter desvendado os segredos, mas para quem teve oportunidade de lê-los, restou uma opinião bem clara: *são confusos, e tão ininteligíveis como os delírios de um louco*. Mas a realidade é uma só, a pedra filosofal nunca foi encontrada e nem fabricada, simplesmente foi mais um capítulo de humilhação do ser humano e prova da grande incapacidade mental

[20] Período histórico compreendido entre o começo do século V e meados do século XV, é também conhecido como *Idade Média* ou *Período Medieval*.

[21] Um exemplo clássico que podemos citar como consequência desastrosa dessa decadência, foi a *peste negra*, que dilacerou a Europa no século XIV, causando a morte entre um terço e metade de sua população num prazo de um ou dois anos.

de muitos, e foi desta maneira que o homem passou a ser *livre* para agir, pensar, falar e publicar tudo desde que a igreja autorizasse.

No ano de 710 d.C., os mulçumanos do Norte da África, ou mouros, invadiram a Espanha[22], trazendo consigo o fanatismo religioso, mas trazendo também uma cultura muito superior à que havia na Europa. Instituíram um governo permanente, levantaram cidades, abriram escolas e criaram alguns homens cultos que se dedicaram às traduções de obras gregas e árabes. Enquanto isso, no restante da Europa os grandes líderes da igreja discutiam questões *profundas* como *quantos anjos poderiam caber na ponta de uma agulha.* Com exceção da Espanha, a sabedoria e o conhecimento humano ficaram postos em dúvida e afastados como algo que se colocasse entre o homem e deus, assim a ignorância e, consequentemente, a brutalidade tornaram-se os guias do homem na Europa medieval. Os mosteiros e as catedrais que mais tarde dariam origem às universidades, tornaram-se centros de cultura por toda a Europa depois que, em 529 d.C., São Bento[23] fundou o primeiro deles em Monte Cassino. Mas, na Europa Ocidental, onde a igreja era proprietária de imenso patrimônio, e os monastérios e conventos se multiplicavam, ainda reinavam a pobreza e a ignorância, pois neles eram estudadas somente religião e Filosofia.

A cidade de Bizâncio, fundada em 657 a.C. como colônia grega, no ano de 330 d.C., teve seu nome alterado por Constantino, numa justa homenagem a ele mesmo, para Constantinopla. Hoje é Istambul, na Turquia, e foi escolhida por Constantino para ser a capital do Império Romano do Oriente, manteve-se firme como capital do primeiro império cristão permanecendo assim por 900 anos. Tornou-se o centro de uma nova civilização

---

[22] O domínio mouro na Espanha durou até o ano de 1.491 quando não resistiu à monarquia de Fernando e Isabel. Esse período, pode-se dizer, que foi o apogeu da cultura mulçumana não só nas ciências mas principalmente na arte e arquitetura. A grande mesquita de Córdoba e o palácio de Alhambra, de Granada, são exemplos clássicos. No ano 732 os mouros foram derrotados perto da cidade de Poitiers, esta data pode ser considerada como o fim da expansão moura na Europa.

[23] Nasceu por volta do ano 480 d.C., na Província de Núrsia - Itália. Era de família nobre e com sólida formação familiar cristã. Renunciou os estudos superiores por não concordar com a vida imoral que encontrou em Roma. Construiu mosteiros e fundou a Ordem Beneditina. São Bento servia-se do sinal da cruz para fazer milagres, daí o motivo representá-lo com uma cruz mão.

erguida com bases numa nova força política, na cultura grega, nas leis romanas e na fé cristã, estava criada a *era bizantina*[24], que acreditem ou não, se caracterizou por um grande respeito à cultura da antiguidade, prova disso foi o empenho e a dedicação em conservar por meio de constantes cópias as obras mais antigas.

No ano de 1097 d.C., entre 150 mil e 600 mil cristãos, concentraram-se na cidade de Constantinopla, irados, armados, munidos de forte fé religiosa, empenhados sob a bandeira da cruz, daí o nome *Cruzadas,* com um único objetivo: tomar Jerusalém, a *Terra Santa,* das mãos dos mulçumanos. Começaram as reações do Ocidente cristão contra o Oriente mulçumano, uma guerra interminável. Constantinopla veio a cair no ano de 1453 d.C. quando não resistiu a uma invasão turca. Para a história, a Idade Média ou o Período Medieval tem início no ano de 476 d.C. quando aconteceu a queda de Roma ou do Império Romano e vai até 1453 d.C., ano da queda de Constantinopla. Este período foi marcado por poucas realizações no que se refere ao ensino, pois este praticamente deixou de existir, e tudo que foi deixado pelos gregos foi esquecido, surgindo uma única estrutura social, *o feudalismo*[25]. A maior parte da população era formada por camponeses pobres, assim a ordem social antiga cede lugar à ordem feudal e eclesiástica, e a pesquisa e as ciências deram lugar à violência e à intensa fé religiosa.

Podemos caracterizar o início do Período Medieval como um momento em que as glórias da civilização clássica não passavam de uma longínqua lembrança, mas, num determinado momento, o homem medieval passou a necessitar de cultura e conhecimento para o progresso da sociedade e a recuperação dos trabalhos antigos foi a única saída. Como alguns dos velhos padres cristãos não rejeitavam totalmente o legado pagão clássico e procuravam interpretá-los sob o referencial da verdade cristã, então começaram nos antigos monastérios as cópias e as traduções dos velhos manuscritos, mas até a metade da Idade Média eram raros os estudiosos e muito escassos os textos clássicos originais. Normalmente, aqueles que

---

[24] A cidade de Bizâncio foi a capital do Império Romano do Oriente, ao qual pertenciam a cidade de Alexandria e sua escola.

[25] Regime que resulta do enfraquecimento do poder central, chegando o senhor proprietário do feudo a formar suas próprias forças militares a ponto de se tornar quase independentes do rei; bispos e abades eram sustentados pelo senhor do feudo em troca de serviços. O feudo era a propriedade recebida, muitas vezes, como mérito por execução de serviços militares.

deveriam divulgar o conhecimento tinham suas energias desperdiçadas nas meditações sobre a sagrada escritura.

Depois do ano 1100 d.C., a Igreja e o Estado passaram a sentir a necessidade de juristas e administradores, então começou uma grande procura pelas escolas eclesiásticas onde eram ensinadas Geometria, Astronomia, Música, Aritmética, Gramática, retórica e a lógica aristotélica. Começou então um período de intensas traduções, escritos e comentários dos trabalhos gregos, que se haviam espalhados, pois filósofos e cientistas fugiram, levando valiosos manuscritos. Dessa maneira muito do ensinamento grego foi preservado no mundo muçulmano para ser depois recuperado na Europa medieval, e a cultura voltou a animar-se. O intercâmbio comercial entre a Europa e o mundo árabe facilitou o contato cultural e, embora com mais frequência, as traduções fossem do árabe para o latim, também havia algumas do hebreu para o latim, do árabe para o hebreu e do grego para o latim. Com o aumento da população, da agricultura e do comércio surgiram novas cidades e a vontade do povo em aprender levou à fundação de universidades; o mundo antigo, decadente e inerte no conhecimento, e até os feudos davam os primeiros passos para algo novo que parecia surgir naturalmente.

O geocentrismo firmado para o mundo por Ptolomeu, o movimento uniforme e circular, a Astronomia que chegou a dar lugar à astrologia, a Matemática não sendo tratada mais como Ciência, a falta da teoria da inércia, e a Igreja dando alicerce a tudo, juntamente com o domínio político, social e intelectual, foram de certa forma os responsáveis pela divisão mental que separou o mundo de antes e depois de Cristo até por volta do século XV. Essas, de forma resumida, foram as principais características do Período Medieval, e as consequências, é claro, um interlúdio sombrio recheado de cegueira e ignorância que durou cerca de quinze séculos.

A fase brilhante do Renascimento[26] começou na Itália com Leonardo da Vinci no século XIV e chegou ao fim aproximadamente nos

---

[26] O termo *Renascimento* foi empregado pela primeira vez em 1855 pelo historiador francês Jules Michelet, referindo-se ao *descobrimento do Mundo e do homem.* Mais tarde, o historiador suíço Jakob Burckhardt ampliou este conceito em sua obra *A civilização do renascimento italiano* - 1860, definindo essa época como: *o renascimento da humanidade e da consciência moderna, após um longo período de decadência.*

séculos XVI e XVII. Foram cerca de duzentos anos caracterizados pela restauração dos valores do mundo clássico, e por um renovado interesse pelo passado greco-romano, renovação esta que veio acompanhada de uma ideia fundamental: uma ruptura cultural com a tradição medieval. Foi um período em que as artes em geral passaram por uma evolução fantástica, a pintura, cuja ruptura definitiva começou em Florença, por volta de 1420, quando a arte renascentista alcançou o conceito científico da perspectiva, que possibilitou a representação tridimensional do espaço de forma convincente numa superfície plana, e teve seu ponto culminante com Michelangelo, Rafael além de Leonardo da Vinci, onde os ideais renascentistas de harmonia e proporção tiveram seu apogeu. Nesse período, na literatura, destacaram-se Petrarca, Boccaccio, Dante, Shakespeare, entre outros. A linguagem de cada país passou a substituir o universal latim de até então, e a invenção da imprensa, no século XV, revolucionou a difusão dos conhecimentos, facilitando a divulgação das ideias.

Qual não deve ter sido a surpresa dos homens dessa época ao verem um mesmo volume ser multiplicado dezenas ou centenas de vezes e circular com extrema rapidez. Todos com a mesma *cara,* as mesmas letras, os mesmos desenhos numa regularidade espantosa, todos idênticos facilitando a divulgação de ideias e tornando o conhecimento acessível tanto a homens que pertenciam à elite da então sociedade científica, como aos *homens comuns.* Na literatura, redescobriram os *Diálogos* de Platão, os textos históricos de Heródoto e as obras dos dramaturgos e poetas gregos. O estudo da Literatura antiga, da História e da Filosofia moral tinha por objetivo criar seres humanos livres e civilizados, deixando de ser uma sociedade que prestava-se a criar apenas sacerdotes e monges.

O pentágono, o pentagrama pitagórico, phi o símbolo da secção áurea, o π de Arquimedes, o dodecaedro de Platão, o homem vitruviano de Leonardo da Vinci, todas essas figuras aparecem num selo francês do ano 2000, ano internacional da matemática.

Acontece que a sociedade medieval tinha suas bases alicerçadas numa hierarquia consagrada pela igreja, na qual cada indivíduo ocupava o lugar que deus lhe havia predeterminado. A tentativa de rebelar-se contra essa situação social equivaleria a se rebelar contra a vontade divina. Assim, tanto o clero quanto a nobreza eram os principais responsáveis pela manutenção dessa estrutura social. No campo da tecnologia, ainda podemos destacar o uso da pólvora que transformou as táticas militares entre os anos de 1450 e 1550. No campo do Direito, teve início o estudo das fontes do Direito romano; a Medicina e anatomia, também não ficaram fora dessa corrente: seus progressos sentiram-se especialmente após a tradução, nos séculos XV e XVI, de inúmeros trabalhos de Hipócrates e Galeno. A Geografia se transformou graças aos conhecimentos empíricos adquiridos através das explorações, e pelas primeiras traduções das obras de Ptolomeu, e também graças às grandes navegações, que possibilitaram o descobrimento de novos continentes.

É interessante destacar que o Renascimento apresentou duas linhas de pensamento bem distintas, uma, no próprio sentido da palavra, ou seja, reviver, recriar; a outra, no sentido de restaurar, ou, de reimplantar uma velha ordem que já fora estabelecida, e que outrora tinha dado certo. É claro que o primeiro caso está ligado diretamente ao homem, ou a uma condição espiritual que, baseada na mentalidade da Antiguidade clássica, considerava o homem *como medida de todas as coisas.* Desta maneira, tudo que fosse humano deixava de ser *estranho*, então o conhecimento e a representação da Natureza estavam ao alcance do homem e este, por sua vez, tinha condições de se libertar das *revelações divinas*, podendo assim estudar os mistérios do Universo a partir de procedimentos racionais e científicos. Foi o momento dos homens de Ciência começarem a colocar um fim nas *verdades absolutas*, baseadas tanto nas pregações teológicas, quanto no pensamento de Aristóteles. A segunda linha de pensamento diz respeito ao aspecto social puramente físico, ou seja, reimplantar os conceitos do mundo antigo, por uma revolucionária concepção da história, que elege a Antiguidade clássica como momento de maior esplendor da civilização, trazendo assim à luz todas as suas realizações, uma vez que o Período Medieval fora um período obscuro e caracterizado pela barbárie. Esta volta à Antiguidade, aliada a uma nova visão da Natureza e do homem foram os motores desse movimento cultural de riqueza impressionante, que encontrou nas ciências e nas artes sua mais fértil forma de expressão. A partir de então, elas não são mais vistas como uma simples atividade manual, artesã, mas como um meio privilegiado de investigação e conhecimento da realidade.

No mesmo período que o Renascimento impunha uma radical mudança nas artes e nas ciências, a Europa voltava sua atenção para um acalorado debate sobre pontos sutis da teologia cristã, e foi desta maneira que no ano de 1517, iniciou-se a reforma protestante, promovida por Martinho Lutero, contra a corrupção e a doutrina tradicional da igreja católica. Esta por sua vez, viu-se obrigada a lançar um movimento de contra-reforma, ou seja, contrapor-se à reforma protestante. Estes movimentos foram os responsáveis pela sangrenta guerra dos trinta anos (1618 - 1648). Nela, envolveram-se católicos e protestantes de vários países da Europa, e por trás de tudo estavam, além dos motivos religiosos, motivos políticos e econômicos - novamente, *tudo em nome de deus.*

Pitágoras

Pitágoras nasceu em 582 a.C., em Samos. Era filho de Mnesarcos que contratou grandes homens da época, como Ferecides e Hermodamas para ensiná-lo. Pitágoras aprendeu rapidamente e, em pouco tempo, deixou para trás seus mestres matemáticos e filósofos; com dezoito anos participou de jogos olímpicos como pugilista e ganhou todas as competições que disputou. Com mais ou menos dezenove anos, iniciou uma viagem em direção ao oriente; dirigiu-se primeiro à Babilônia onde esteve em contato com os sábios da terra, homens que pertenciam a uma raça já antiga em cultura; depois, dirigiu-se à Índia onde encontrou Ciência e também a Filosofia budista, que o influenciou pelo resto de sua vida. No Egito, esteve em contato com sacerdotes do Nilo. Quando regressou à Grécia já estava com 53 anos e tornou-se líder de um movimento religioso por toda a Grécia, movimento este que tinha como base o misticismo, ritos de abstinência, pureza e meditações. Seus adeptos usavam roupas que os distinguiam das pessoas comuns. A escola pitagórica durou cerca de 150 anos, e a visão mística dos pitagóricos não os impediu de fundarem a *Aritmética*, ou a *Ciência dos Números*.

Como astrônomo, foi o primeiro a afirmar que a Terra era redonda e estava suspensa no espaço, assim como os planetas giravam em torno de uma chama central à qual dava o nome de *Héstia*, que não era o Sol; este por sua vez recebia a luz de *Héstia* e a refletia. O movimento dos planetas produzia sons que nós não ouvíamos, porque estamos acostumados com eles. Com essa forma de pensar o seu sistema foi o melhor que se conheceu até Copérnico.

Obcecado por números, nos deixou a célebre frase: *todas as coisas são números*. Achava que o Universo era uma escala musical e ao número 1 (um) atribuía a própria essência da vida, pois tudo vem de um deus que é onipotente, onipresente e onisciente e é simplesmente um. Com sua teoria dos números, desenvolveu o estudo das notas musicais que o levou a descobrir que cordas em vibração emitem sons que dependem de seus comprimentos. Pitágoras construiu um instrumento de cordas para ensaiar e demonstrar essa teoria, acredita-se ter sido esse o primeiro instrumento de Física que existiu, em outras palavras, talvez tenha sido o primeiro experimento na história, onde a Matemática foi relacionada com a Natureza, assim como a primeira tentativa de equacionar um fenômeno natural. Ao tomarem conhecimento de que as notas são obtidas por divisões da corda por números inteiros, atribuíram ao fato o significado de uma força mística. A relação entre os números e a Natureza era tão perfeita que não só os sons naturais, mas todos os eventos deveriam ser números representados por harmonias; até as órbitas dos corpos celestes estariam relacionadas aos intervalos musicais[27], assim os movimentos celestes representavam a Música *das esferas*.

Em sua sociedade secreta, os pitagóricos tinham o pentagrama, ou a estrela de cinco pontas, como emblema; não era permitida a entrada de mulheres e eles passavam os dias buscando relações matemáticas para explicar a harmonia do mundo. Também toda e qualquer descoberta feita deveria ser atribuída ao mestre e jamais revelada a uma pessoa estranha; diz-se que foi Pitágoras (ou sua sociedade) o responsável pela introdução de sistema de pesos e medidas na Grécia.

A cidade de Milos, palco principal dos pitagóricos, quando de uma revolução mais ou menos em 501 a.C., teve o governo derrubado, o palácio incendiado e vários pitagóricos foram assassinados; o próprio Pitágoras fugiu para Tarento, de onde se dirigiu para Metaponto e aí perdeu a vida numa revolta em 501 a.C. Estudos sobre Aritmética, Geometria, Música e Astronomia eram considerados fundamentais para os pitagóricos. Foi Pitágoras quem classificou a Matemática em Aritmética ou números absolutos, Música em números aplicados, Geometria em grandezas em repouso e Astronomia em grandezas em movimento.

---

[27] Estes corpos giravam ao redor da Terra em esferas de cristal segundo a concepção grega da época.

Assim como Cristo e Sócrates, Pitágoras não escreveu qualquer trabalho que tenha chegado até nós, logo, o que sabemos tem origem em três fontes:

1- Os escritos de seus discípulos e seguidores como Nicomano, autor de *Introdução à aritmética,* onde retrata os ensinamentos dos pitagóricos.

2- Nas obras de Platão que, por sua vez, foi muito influenciado pelos seguidores de Pitágoras.

3- Nas obras de Aristóteles que cita e resume o pensamento pitagórico, embora muitas vezes discorde do mesmo.

A biografia de Pitágoras só foi escrita por volta do ano 300 d.C. por Diógenes Laércio, portanto muita coisa é desconhecida ou lendária, *assim como nos dois outros casos.*

O homem Pitágoras morreu, mas seus ensinamentos continuaram e seu trabalho foi descrito por Filolau de Tebas cerca de cem anos depois de sua morte. Na Música, Pitágoras descobriu que um intervalo musical poderia ser expresso através de uma relação entre dois números. Foram os pitagóricos os primeiros a dar verdadeiras demonstrações na história da Matemática entre elas: que a soma dos ângulos internos de um triângulo é igual a $180°$ e a irracionalidade da raiz quadrada de dois; conceitos como *números pares* e *números ímpares,* além de algumas nomenclaturas deixadas pelos pitagóricos, que continuam, mesmo sem percebermos, em nosso dia-a-dia. Nomenclaturas que sequer imaginamos suas origens, por exemplo: por que o número 3^2 é lido *três ao quadrado,* e 2^3 é lido *dois ao cubo?*

Antes das respostas, vejamos algumas séries obtidas e estudadas pelos pitagóricos. Uma série de n números pode ser expressa de várias formas:

$1, 2, 3, \ldots (n-1),\ n,\ (n+1) \Rightarrow$ Série de números naturais.

$1, 3, 5, 7 \ldots (n-2),\ n,\ (n+2) \Rightarrow$ Série de números naturais ímpares.

$2, 4, 6, \ldots (n-2),\ n,\ (n+2) \Rightarrow$ Série de números naturais pares.

$1, 3, 6, 10 \ldots n.\frac{(n+1)}{2} \Rightarrow$ Série de números triangulares.

A série de números triangulares é no mínimo estranha, de onde terá surgido? Vamos seguir o seguinte raciocínio:

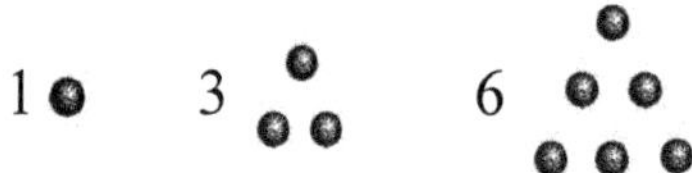

Já podemos adivinhar o próximo número e seu posterior, esta é uma série formada por números chamados *triangulares*, e sua generalização é dada pela fórmula $n.\frac{(n+1)}{2}$, isto acontece pelo seguinte: a cada linha do triângulo acrescenta-se uma unidade em relação a anterior, ou seja as linhas nos dão uma sequência de números reais.

$1 \Rightarrow$ ● $\Rightarrow 1$
$2 \Rightarrow$ ● ● $\Rightarrow 3$
$3 \Rightarrow$ ● ● ● $\Rightarrow 6$
$4 \Rightarrow$ ● ● ● ● $\Rightarrow 10$
$5 \Rightarrow$ ● ● ● ● ● $\Rightarrow 15$
$6 \Rightarrow$ ● ● ● ● ● ● $\Rightarrow 21$

Sequência dos números naturais — Somatório da sequência ou números triangulares

A sequência dos números ímpares $1, 3, 5, 7, 9\ldots(2.n+1)$ segue um raciocínio ainda mais simples; a cada linha do triângulo acrescentam-se duas unidades em relação à anterior, assim:

$1 \Rightarrow$ ● $\Rightarrow 1 = 1^2 = 1$
$3 \Rightarrow$ ● ● ● $\Rightarrow 4 = 2^2 = 1+3$
$5 \Rightarrow$ ● ● ● ● ● $\Rightarrow 9 = 3^2 = 1+3+5$
$7 \Rightarrow$ ● ● ● ● ● ● ● $\Rightarrow 16 = 4^2 = 1+3+5+7$
$9 \Rightarrow$ ● ● ● ● ● ● ● ● ● $\Rightarrow 25 = 5^2 = 1+3+5+7+9$
⋮ ⋮ ⋮ ⋮

$(2.n+1) \rightarrow$ Sequência dos números ímpares — $n^2 \rightarrow$ Somatório da sequência

Assim temos que o somatório dos n primeiros números ímpares é dada por n^2.

- A série chamada de *números quadrados*, pode ser representada da seguinte forma:

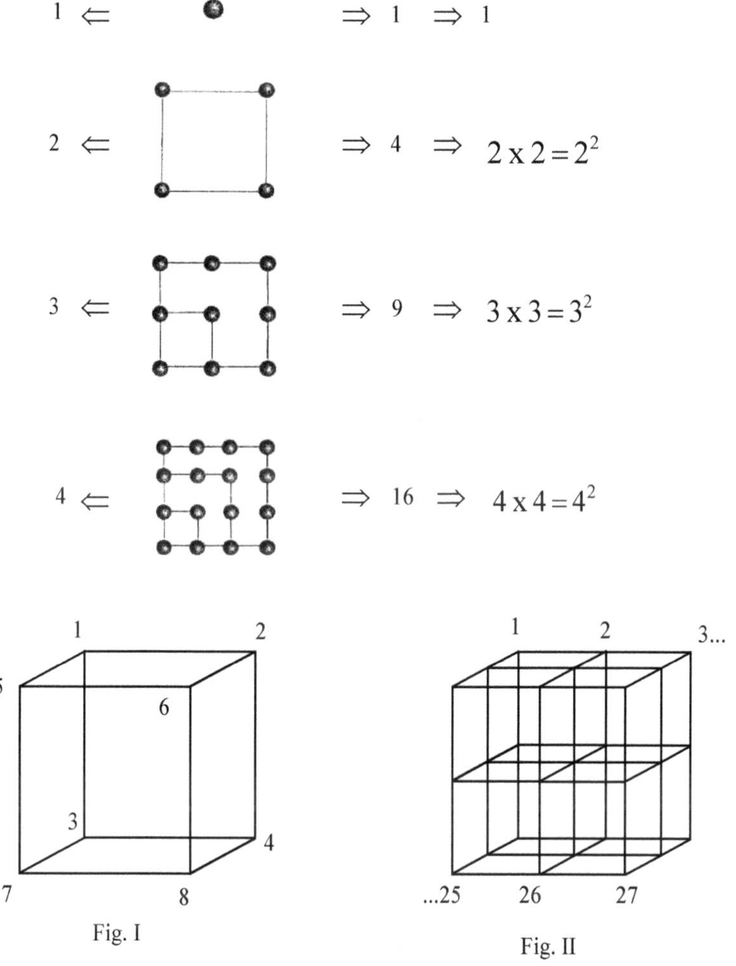

Fig. I

Fig. II

E aqui, eis a resposta de porque 3^2 é lido como *três ao quadrado*, pois o número 9 é um número quadrado, assim como todo número elevado ao expoente dois é um número *quadrado*. Com relação à nomenclatura *cubo* agora fica fácil. Se montarmos um cubo partindo do número dois obtemos 8, resultado (Fig. I) que nada mais é do que 2^3, ou partindo do número três obtemos 27 como resultado (Fig. II). Assim, não exatamente na época de Pitágoras, mas muito mais tarde, o expoente 3 ficou conhecido como *cubo* e o expoente 2 como *quadrado*. Os pitagóricos, além dos números triangulares e dos números quadrados, tinham outros muito curiosos:

Números poligonais: são aqueles obtidos através de polígonos, ou melhor, é o resultado do número de vértices de um polígono seguido pela soma dos vértices de uma figura simétrica, e de outra e outra e assim por diante. Fazem parte desta série, os números triangulares, quadrados, pentagonais, hexagonais etc..

Números pentagonais

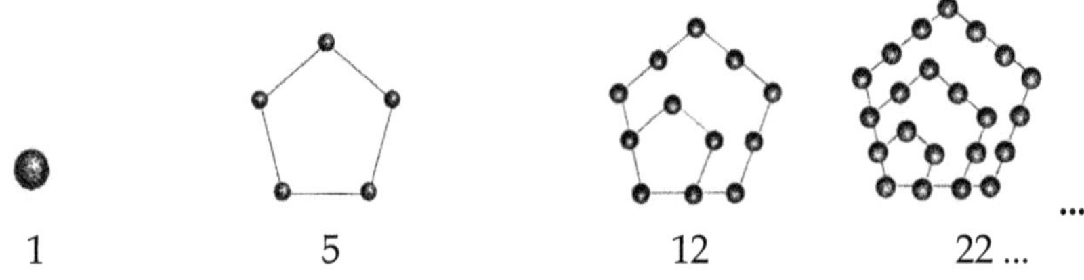

Números hexagonais

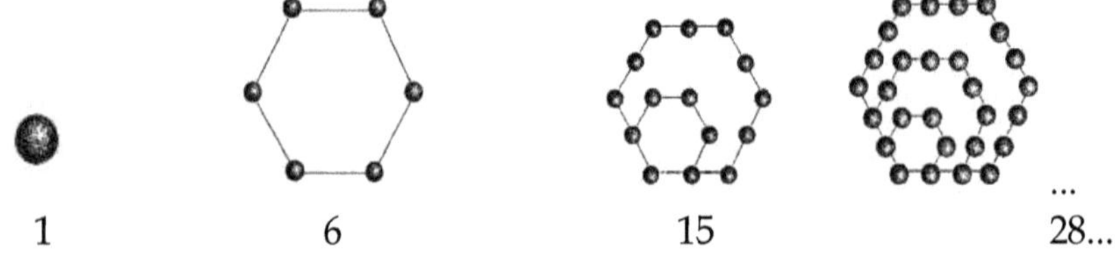

E assim por diante[28].

[28] Seguindo essa visão geométrica, vemos que em todos os casos as séries numéricas são somas parciais dos primeiros termos de Progressões Aritméticas cujo primeiro termo é sempre 1 e cuja diferença ou razão é r, onde r é o número de lados do polígono associado à série, assim teríamos $r = 1$ para números triangulares, $r = 2$ para números quadrados, $r = 3$ para números pentagonais... Isso vem demonstrar que os pitagóricos, sem apoio algébrico, ou seja, utilizando-se apenas de modelos geométricos, dominavam os métodos para somar Progressões Aritméticas do tipo $\sum_{k-1}^{n} k$, $\sum_{k-1}^{n} (2k-1)$ e seguramente do tipo $\sum_{k-1}^{n} k^2$. Essa visão

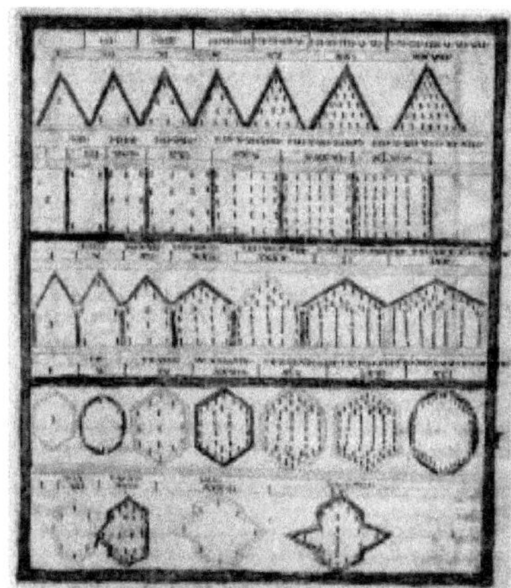

Manuscrito medieval representando os números poligonais.

- **Números perfeitos:** São aqueles no qual a soma de seus divisores dão o mesmo número como resultado, por exemplo $6 = 1 + 2 + 3$, $28 = 1 + 2 + 4 + 7 + 14$. Cerca de um século mais tarde, Euclides iria desenvolver um método para cálculo da soma desta série, também havia um segundo grupo de números que também foram chamados de perfeitos, eram os números triangulares.

- **Números amigáveis:** São aqueles cujo somatório dos divisores de um deles dá o outro. Ao que tudo indica, os pitagóricos conheciam um único par desses números, 220 e 284, que têm como divisores, respectivamente 1, 2, 4, 5, 10, 11, 20, 22, 44, 55 e 110, que somados dão 284 e 1, 2, 4, 71 e 142, que somados dão 220. Durante a Idade Média, tornaram-se um símbolo de amizade. Diz-se que talismãs com esses números eram vendidos como amuleto do amor. Um numerologista árabe praticava a gravação do número 220 em uma fruta e do 284 em outra, então comia-se a primeira e oferecia-se a segunda para outra pessoa como forma de demonstrar interesse por ela. Antigos teólogos notaram que no livro bíblico Gênesis, Jacó dá exatamente 220 cabras a Esaú, então encaram este fato como uma demonstração de amor de Jacó por Esaú. Somente em 1636, Fermat descobriu outro par de números amigáveis, são eles 17.296 e 18.416, depois

---

geométrica lhes permitiu obter os primeiros resultados generalizados sobre as propriedades dos números naturais e poligonais.

Descartes descobriu outro par 9.363.584 e 9.437.056 e, mais tarde, Leonhard Euler prosseguiu descobrindo mais sessenta e dois pares. É interessante que a todos eles passou despercebido o par 1.184 e 1.210, menos ao italiano Nicólo Paganini que os descobriu em 1866, quando tinha dezesseis anos. Diz-se que Pitágoras, além de inventar as palavras *Filosofia* e *cosmo*, inventou também a palavra *amizade*, quando lhe perguntaram o que era um amigo, ele respondeu: *Aquele que é como* 220 *e* 284, *é o outro eu.*

- **Números pitagóricos ou triplas pitagóricas:** Qualquer conjunto de números a, b e c, que satisfaça a equação $a^2 = b^2 + c^2$.

- **Números racionais:** São números que podem ser escritos como quociente de dois outros, tal que $a = \frac{b}{c}$, onde $c \neq 0$ (lê-se *c* diferente de zero).

- **Números irracionais:** A priori são números não racionais, mas um detalhe muito importante não deve deixar de ser comentado. Para os pitagóricos, toda a Natureza podia ser representada por números, mas quando o triângulo retângulo, cujos catetos são iguais a 1, gerou uma hipotenusa igual a $\sqrt{2}$, apareceu um profundo descontentamento entre eles, pois a representação geométrica dos números deveria transmitir harmonia e felicidade aos pitagóricos, e essa estranha diagonal podia ser traçada, mas não podia ser medida. Com o passar do tempo, a este resultado foi dado o nome de *número irracional*, exatamente pelo fato de fugir ao raciocínio. No século IX de nossa era, o matemático e astrônomo árabe Al-Khowarizmi chamou estes números de *assam*, que significa *surdo*, entendendo que um número irracional é aquele que não pode ser dito com palavras, apenas com números.

É fácil verificar que o triângulo retângulo de lados 3 e 4 tem hipotenusa igual a 5, pois $3^2 + 4^2 = 5^2$, já o triângulo retângulo de lados iguais a 1 tem como hipotenusa $h^2 = 1^2 + 1^2 \Rightarrow h^2 = 2 \Rightarrow h = \sqrt{2}$. Não se sabe ao certo como os antigos resolveram este problema, as tentativas com certeza foram frustradas, mas podemos aqui discutir um pouco a respeito.

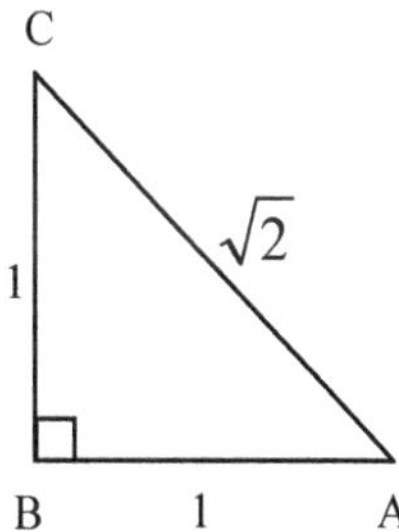

$\sqrt{2} = \frac{3}{2} = 1{,}5$ era grande demais.

$\sqrt{2} = \frac{7}{5} = 1{,}4$ era pequeno demais.

De qualquer maneira que se tentasse achar um resultado, ora era grande, ora era pequeno demais, que número era este? Não era fração, não era par, não era ímpar, existiria tal número? Uma diagonal ou uma hipotenusa que podia ser traçada, mas não podia ser medida? A Matemática parece perder suas forças para solucionar este caso e para os gregos antigos deve ter sido tão difícil descobrir quanto aceitar este fato. Até mesmo Pitágoras teve seu credo abalado, e a afirmação *o número é a medida de todas as coisas* parecia não ser mais verdadeira, pois aquela hipotenusa não podia ser expressa por nenhum número, pelo menos nenhum número racional, e assim a existência de algo incomensurável passou a ser uma realidade. Aristóteles, baseando-se no fato: se o quadrado de um número é par, obrigatoriamente o número em questão também deve ser par, deu a prova mais antiga sobre a incomensurabilidade da diagonal de um quadrado com lado medindo uma unidade. Seja o triângulo ABC anterior, com catetos $AB = BC = 1$ e hipotenusa AC, então temos:

$$AC^2 = AB^2 + BC^2$$

Mas $AB = BC = 1$ Logo $AC^2 = 2.AB^2$

Se AC for um número racional, podemos expressá-lo como $AC = \frac{m}{n}$, onde m e n são os menores números que satisfazem a relação, e assim são primos entre si, de modo que:

$AC^2 = 2.AB^2 \Rightarrow \frac{m^2}{n^2} = 2 \text{ x } 1^2$ Logo temos $m^2 = 2.n^2$

O número $2.n^2$ é par, pois a multiplicação por dois garante essa condição. A igualdade, assim como o fato de o quadrado de um número ímpar ser sempre ímpar, nos garante que m é par, pois sendo m par, n necessariamente deve ser um número ímpar, senão existiria um divisor comum entre eles, o número dois. Logo concluímos que m é par e n **é necessariamente um número impar**. Mas se m é par, então podemos escrevê-lo sob a forma $m = 2.r$, onde r é um número inteiro qualquer, assim:

$$m^2 = 2.n^2 \Rightarrow (2.r)^2 = 2.n^2 \Rightarrow \qquad 4.r^2 = 2.n^2 \Rightarrow$$

Então $2.r^2 = n^2$

Esta relação nos permite concluir que n **é necessariamente um número par**, ou seja, n deve ser par e ímpar ao mesmo tempo, uma *aberração Matemática*. Portanto a medida do segmento AC não pode ser expressa por nenhuma relação entre números inteiros, e por conseguinte a diagonal do quadrado de lados unitários é incomensurável, ou seja, é um número irracional. É importante conhecermos este conceito sobre número irracional, pois o *Número de ouro,* objeto principal de estudo desse trabalho, é irracional.

Devido ao misticismo que predominava entre os pitagóricos, a descoberta de um número como $\sqrt{2}$ foi guardada em segredo, e chamavam-no de *arrhetos* ou indivisível. Diz-se que Hipasos, discípulo de Pitágoras, revelou o escândalo e então foi morto. Outros que também se arriscaram nessa revelação pereceram em um naufrágio, pois era necessário esconder o indivisível e a sua forma. Enfim, a descoberta de uma diagonal que podia ser traçada, mas não podia ser medida, desfez a relação da Aritmética com a Geometria, e o Universo das formas numéricas ficou em jogo para os pitagóricos.

Outro problema relacionado ao mesmo assunto, que mais tarde iria dar muita dor de cabeça aos gregos, diz respeito à duplicação de um cubo de arestas iguais a 1 (um), onde inevitavelmente sua resolução deve ser abordada de maneira similar.

Há pouco mencionamos as palavras *catetos, hipotenusa, triângulo retângulo,* mas qual a origem desses nomes, e o que significam? Vamos começar pela palavra *triângulo* do latim *triangulu*, polígono de três lados ou figura geométrica que possui três ângulos; *Catetos* tem origem na palavra grega *katetos,* ou do latim *catetu,* que significa vertical ou perpendicular; para o triângulo retângulo são os lados adjacentes ao ângulo reto; *hipotenusa* vem do grego *hipoteinousa,* e denomina o lado oposto ao ângulo reto de um triângulo retângulo; como consequência fica fácil saber que *triângulo retângulo* é aquele que possui um ângulo reto. Muito bem, mencionei por algumas vezes a palavra *ângulo reto,* mas qual será a origem desse nome? Por que não foi dado outro nome como ângulo curvo, ângulo central ou qualquer outro?

Existem duas referências em que nosso mundo visual se baseia para nosso equilíbrio: a gravidade[29] que é perpendicular à Terra, e a linha do horizonte, que é ortogonal à primeira. O cruzamento imaginário de ambas fixa em nosso campo visual um ângulo de 90°. Ao girar este ângulo sensorial para baixo ou para um lado qualquer quatro vezes, voltaremos ao posicionamento inicial e, através desta operação, é obtida a sua definição, ou seja, é justamente este ângulo que permite que fiquemos em equilíbrio, ou *eretos,* ou ainda melhor, *retos,* em relação ao plano em que estamos situados, assim, este ângulo é diferenciado de qualquer outro ângulo arbitrário; esta definição também é válida para o plano horizontal que está envolvido no mesmo conceito com relação aos pontos cardeais.

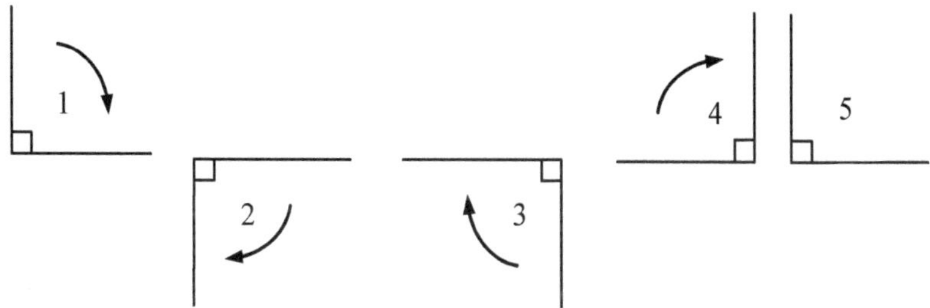

Não só no mundo de nossas percepções sensoriais, mas também na prática, essas relações são válidas, pois desde o tempo dos babilônios, indianos e egípcios, era uma prática comum às construções envolvendo formas quadradas, com ângulos retos inseridos. Em 1698, Samuel Reyher usou o símbolo $\wedge$ para

[29] Embora este conceito não existisse na época de Pitágoras, é usado aqui para facilitar a compreensão, mas se o leitor preferir pode trocá-lo por linha perpendicular à Terra ou linha que prolonga nossa silhueta ereta em relação à Terra.

designar um ângulo qualquer, L para indicar um ângulo reto e um traço vertical | para a igualdade, assim $\wedge$ A | L significava *o ângulo A é reto*. Em 1880, nos Estados Unidos, apareceu o símbolo $\angle$ para um ângulo qualquer e finalmente na Inglaterra, em 1889, N. F. Dupius criou o símbolo ⅂ que se tornou comum até os dias de hoje.

- Dedução do Teorema de Pitágoras

Por menos que uma pessoa conheça Matemática, quando falamos em Pitágoras, de imediato vem à mente o famoso *Teorema de Pitágoras*, ou seja, a relação entre os lados e a hipotenusa de um triângulo retângulo. Na realidade, Pitágoras foi o primeiro homem não a criar, mas a conceituar e deduzir esse teorema; embora os babilônios não tenham nos deixado deduções, esta relação já era conhecida por eles cerca de dois mil anos antes, principalmente o arranjo de lados 3, 4 e 5. Entre as varias deduções existentes, vejamos uma simples que comprova esse teorema. Seja conforme a primeira figura, um triângulo retângulo de lados b, c e hipotenusa a, a partir dele, montemos quadrado cujo lado seja a hipotenusa desse triângulo.

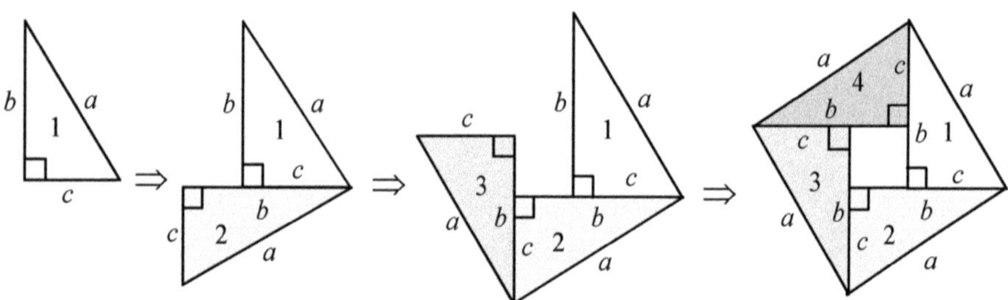

Vemos que o mesmo triângulo retângulo repete-se por quatro vezes formando um quadrado de lado a, cuja área chamaremos de S, note o leitor que ganhamos no centro, um pequeno quadrado de lado $b-c$ e área que chamaremos de S', então se chamarmos de S_1, S_2, S_3 e S_4 as áreas dos triângulos 1, 2, 3 e 4 temos:

a = hipotenusa b = cateto maior c = cateto menor

S = área do quadrado grande S' = área do quadrado pequeno

$S = a^2$ e $S' = (b-c)^2$

$S = S_1 + S_2 + S_3 + S_4 + S'$

$$S = \frac{b.c}{2} + \frac{b.c}{2} + \frac{b.c}{2} + \frac{b.c}{2} + (b-c)^2$$

$$S = 2.b.c + b^2 - 2.b.c + c^2$$

Logo: $a^2 = b^2 + c^2$

Esta fórmula, que é válida para todo e qualquer triângulo retângulo e imortalizou o nome de Pitágoras. Hoje é uma dedução simples, mas com certeza está entre as mais importantes da Matemática e levou milhares de anos para ser demonstrada. Bem antes de Pitágoras, os egípcios e os babilônios já conheciam essa relação notável num triangulo retângulo e a usavam para certos trabalhos práticos, mas isso não tira os méritos de Pitágoras, pois não podemos confundir *conhecer* com *deduzir*. Nem os egípcios, nem os babilônios conheciam sua dedução e o primeiro homem a fazê-la realmente foi Pitágoras. Logo, a descoberta da relação é dos egípcios e dos babilônios, e o Teorema é de Pitágoras, com todos os méritos.

Pitágoras provou o teorema, não apenas para o triângulo 3, 4, 5 dos egípcios ou outro triângulo particular dos babilônios, mas deu sua generalização para todo e qualquer triângulo retângulo.

Partindo de dois números inteiros p e q, primos entre si, onde um é par e o outro ímpar, e $p > q$, Pitágoras procurou encontrar um terceiro número a, de modo que este fosse a hipotenusa de um triângulo retângulo cujos catetos eram dados por $b = p^2 - q^2$ e $c = 2.p.q$, assim:

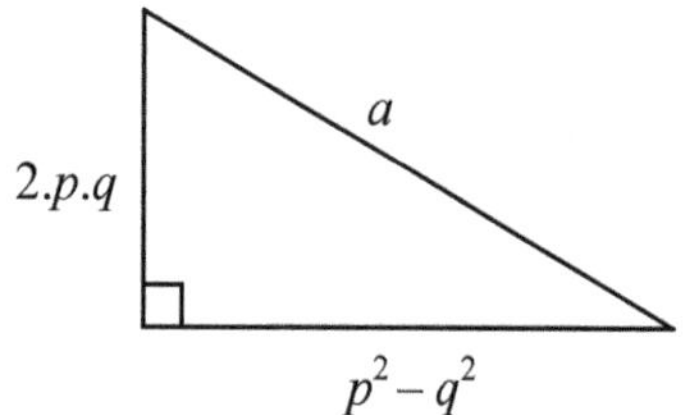

$$a^2 = (p^2 - q^2)^2 + (2.p.q)^2 \Rightarrow$$
$$a^2 = p^4 - 2.p^2.q^2 + q^4 + 4.p^2.q^2 \Rightarrow$$
$$a^2 = p^4 + 2.p^2.q^2 + q^4 \Rightarrow$$
$$a^2 = (p^2 + q^2)^2 \Rightarrow$$

Logo: $\underline{\underline{a = p^2 + q^2}}$

Os catetos de tamanho $p^2 - q^2$ e $2.p.q$, na figura anterior, foram escolhidos de forma arbitrária, pois, como podemos ver na tabela abaixo, $p^2 - q^2$ pode ser maior ou menor que $2.p.q$, dependendo unicamente dos valores atribuídos a p e a q.

Cateto		Cateto	Hipotenusa	
p	q	$p^2 - q^2$	$2.p.q$	$p^2 + q^2$
2	1	3	4	5
3	2	5	12	13
4	1	15	8	17
5	2	21	20	29
⋮	⋮	⋮	⋮	⋮

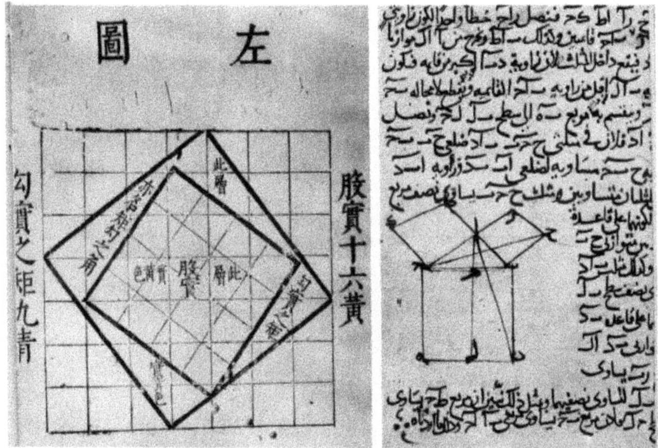

Página de uma versão árabe de 1258 e uma impressão chinesa da demonstração do Teorema de Pitágoras.

Se fizermos $p = 2$ e $q = 1$, obtemos para os lados do triângulo, $b = 3$, $c = 4$ e $a = 5$. Este terno de números inteiros é chamado de *Terno Pitagórico,* se a unidade é o único número inteiro que divide os três termos, então chamamos este terno de *Terno Pitagórico primitivo,* assim o terno 9, 12, 15 é um Terno Pitagórico, mas não é primitivo.

Falemos um pouco sobre médias, que foi outro trabalho desenvolvido por Pitágoras:

- **Média Aritmética entre a e b:** $M_A = \dfrac{a+b}{2}$, nos dá o número equidistante entre a e b. Vejamos um exemplo, seja $a = 2$ e $b = 6$, então, $M_A = \dfrac{2+6}{2} \Rightarrow \quad M_A = 4$. Entre dois números quaisquer *a* e *b* diferentes, sempre existirá um terceiro entre eles, equidistante de ambos, a esse número dá-se o nome de *média Aritmética de a e b,* ou o ponto médio entre *a* e *b,* conforme dedução que segue abaixo. Sejam os números *a* e *b*, com $a \neq b$, então:

$$a = a \qquad\qquad b = b$$

$$(+a) \Rightarrow \quad a + a \neq a + b \qquad\qquad (+b) \Rightarrow a + b \neq b + b$$

$$2.a \neq a+b \qquad a+b \neq 2.b$$

$$a \neq \frac{(a+b)}{2} \qquad \frac{(a+b)}{2} \neq b$$

Assim chegamos a: $$a \neq \frac{(a+b)}{2} \neq b$$

- **Média geométrica ou média proporcional entre a e b**: $M_G = \sqrt{a.b}$, mostra o número equidistante entre *a* e *b*, quando estes pertencem a uma série geométrica, ou a uma série em que cada novo número é o anterior multiplicado por um número ou uma razão constante. Seja a série $a_1, a_2, a_3 \ldots a_n$ com razão *r*, pela definição temos:

$$a_2 = a_1.r \Rightarrow r = \frac{a_2}{a_1} \qquad a_3 = a_2.r \Rightarrow r = \frac{a_3}{a_2}$$

$$\frac{a_3}{a_2} = \frac{a_2}{a_1} \Rightarrow \qquad a_2^2 = a_1.a_3 \Rightarrow$$

$$a_2 = \sqrt{a_1.a_3}$$

Ou seja, a_2 é a média geométrica entre a_1 e a_3. Assim, podemos generalizar dizendo que a média geométrica entre dois pontos *a* e *b* é dada pela fórmula $M_G = \sqrt{a.b}$. Vejamos um exemplo: seja a série 2, 4, 8, 16, 32..., com razão $r = 2$, a média geométrica entre 4 e 16 será:

$$M_G = \sqrt{4.16} \Rightarrow \sqrt{64} = 8$$

- Relação entre média Aritmética M_A e média geométrica M_G

Sejam dois números a e b tal que, $a > b \neq 0$, sabemos que:

$(\sqrt{a} - \sqrt{b}) > 0$

Multiplicando por $(\sqrt{a} - \sqrt{b})$:

$$a - 2.\sqrt{a}.\sqrt{b} + b > 0 \Rightarrow \qquad a + b > 2.\sqrt{a.b} \Rightarrow$$

$$\text{Logo} \quad \frac{a+b}{2} > \sqrt{a.b} \quad \text{ou} \quad \underline{\underline{M_A > M_G}}$$

- Média harmônica entre a e b: $M_H = \dfrac{2.a.b}{a+b}$: este cálculo tem sua origem em estudos referentes à Música, nos quais Pitágoras usava um instrumento chamado monocórdio[30] para suas experiências; os sons obtidos por Pitágoras depois, deu origem à lira, ao alaúde, ao cravo, ao violão, ao piano, ao órgão de tubo entre outros. Além disso, aos instrumentos de sopro, que funcionam segundo o mesmo princípio, só que ao invés de uma corda, possuem uma coluna de ar que vibra. Pitágoras encontrou então uma relação entre a harmonia musical e a Matemática; verificou que uma corda ao vibrar produz uma nota básica ou o som fundamental; cordas com mesma tensão e diferentes comprimentos dão notas em intervalos de oitavas[31], onde os harmônicos dessa corda são obtidos dividindo-a por números inteiros, dois, três, quatro e assim por diante. Caso não seja feita essa divisão, o som produzido será destoante, não agradando aos ouvidos. Chamemos de nó o ponto fixo da corda. Ao

---

[30] Instrumento musical de uma corda só, que se apóia em dois cavaletes móveis. Ao deslocá-lo permitia dividir a corda em segmentos na razão que se desejasse, obtendo assim as relações entre as diferentes vibrações sonoras.

[31] Uma oitava entre duas notas do mesmo nome produz uma razão de $2:1$ na frequência. Por exemplo, em uma oitava superior, o número de vibrações é exatamente o dobro do som fundamental. O mesmo conceito se aplica para os intervalos de quinta, na razão de $3:2$ e em intervalos de quartas, na razão de $4:3$.

deslocarmos este nó para o ponto médio obtemos a oitava acima da nota básica, um terço do comprimento, é a quinta acima dela; um quarto desse comprimento, é a quarta acima dela; um quinto desse comprimento será a terça maior acima; só nos resta colocar números em todos estes conceitos. Sejam a e b dois números quaisquer, onde a média Aritmética é dada por $M = \frac{a+b}{2}$, então chama-se média harmônica (M_H) o número que forma com a, M e b a proporção nas seguinte condições:

$$\frac{a}{M} = \frac{M_H}{b} \Rightarrow \qquad M_H = \frac{a.b}{M} \Rightarrow$$

Então: $$M_H = \frac{a.b}{\frac{a+b}{2}} \Rightarrow \qquad \text{Logo} \qquad \underline{\underline{M_H = \frac{2.a.b}{a+b}}}$$

A proporção então fica: $a : \frac{a+b}{2} :: \frac{2.a.b}{a+b} : b$, como exemplo, sejam $a = 12$ e $b = 6$ então:

$$M = \frac{12+6}{2} = 9 \qquad \text{e} \qquad M_H = \frac{2.12.6}{12+6} = 8$$

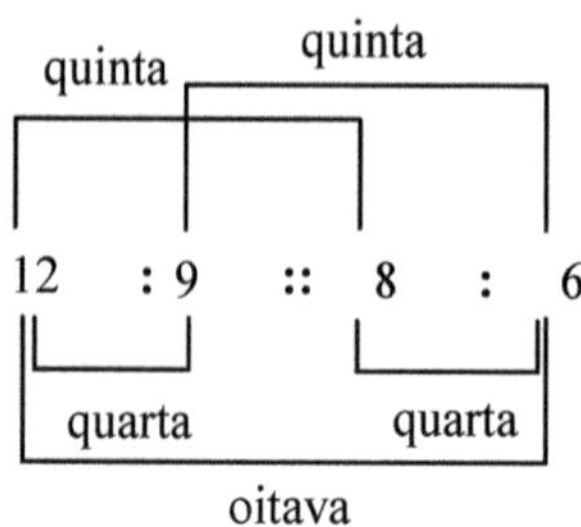

Estes quatro números dão precisamente as razões dos comprimentos da cordado monocórdio que fornecem os intervalos musicais de oitava, quinta e quarta do tom fundamental.

A oitava musical de um tom é aquela cuja frequência vibratória está relacionada com o mesmo tom na exata proporção de 2:1. Se num violão tocarmos a primeira corda inteira *AE* (figura a seguir), obtemos o som fundamental ou a nota *mi;* seguindo o exemplo anterior, digamos que as vibrações por segundo desta corda sejam 6, então se apoiarmos o dedo no trasto *D* (metade de *AE*) obtemos um comprimento de corda *DE*, que fornecerá o dobro da frequência da corda *AE*, assim o valor 12 formará a relação $2:1$ com 6, esta nova nota será a oitava de *AE* ou a oitava de *mi*. Este novo som tem as mesmas características do som fundamental, mas é mais agudo.

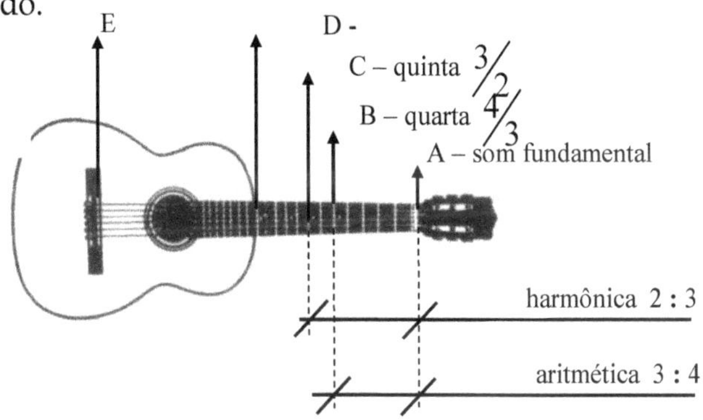

A progressão $1, \frac{3}{2}, \frac{4}{3}, 2$, representa as frequências do tom fundamental, da quarta, da quinta e da oitava entre o intervalo 1 e 2 ou entre o comprimento de corda *AE*, onde $A=1$ e $E=2$.

Se apoiarmos o dedo no traste C do violão, obtemos o comprimento de corda *CE* ou a nota musical *si*. O novo tom terá a relação de $3:2$ com o tom fundamental AE, ou $9:6$, conforme nosso exemplo, e chamar-se-á de quinta musical, pois é o quinto tom numa série de divisões da corda *AE*. Se apoiarmos o dedo no traste *B* do violão obtemos o comprimento de corda *BE* ou a nota musical *lá*, onde o novo tom terá a relação $4:3$ com o tom fundamental ou $8:6$ e chamar-se-á quarta musical. O nome *oitava*, é devido à existência de oito intervalos tonais naturais entre *A* e *E*. Calculando as médias Aritmética e Harmônica para o intervalo *AC* ou de 1 a $\frac{1}{2}$, obtemos a progressão 1, $\frac{3}{4}$, $\frac{2}{3}$ e $\frac{1}{2}$ que representa a divisão pela metade da corda, aumentando assim a frequência em uma oitava. Verificamos então que as médias são inversas às obtidas com relação ao intervalo 1 e 2; em comprimento de corda a quinta mais a quarta equivalem à oitava, e em frequência, a multiplicação da quinta pela quarta nos fornece a frequência da oitava, $\frac{4}{3}.\frac{3}{2}=2$.

Assim, os pitagóricos verificaram que a Música estava intimamente relacionada com a Matemática e, mais ainda, perceberam que os tons ditos harmônicos do tom fundamental poderiam ser representados por frações dos números inteiros, daí a série $1,\frac{1}{2},\frac{1}{3},\frac{1}{4}\ldots\frac{1}{n}$ dos inversos dos inteiros positivos ser denominada *série harmônica.* Quando verificaram que a escala diatônica (*dó, ré, mi, fá, sol, lá, si*), composta de sete tons, coincidia em número com os sete planetas conhecidos (incluídos Sol e Lua), procuraram estabelecer a estrutura da harmonia do Universo chegando à teoria da *harmonia das esferas,* ou aquela que diz que cada um dos sete planetas ao viajar no espaço emite um som correspondente a um dos sete tons da escala.

As notas musicais quando vibram às proporções corretas verificadas pelos pitagóricos, produzem em nós a sensação de harmonia. Na Música, a harmonia é obtida quando são tocados, no mínimo, três tons simultaneamente, formando aquilo que chamamos de acorde. As notas musicais juntamente com os acordes formam a melodia, que por sua vez, é um recurso que podemos usar quando queremos passar a outra pessoa uma determinada Música, ou seja, podemos assobiá-la de modo que outra pessoa saiba de qual música estamos falando. A harmonia é uma linha melódica caracterizada pela duração e pela altura do som.

A escrita musical surgiu cerca de 1.500 anos depois de Pitágoras, mas deve-se muito a ele. É uma espécie de linguagem Matemática aplicada à Música, determinando a altura das notas, a sua duração, sua intensidade e o entrelaçamento dos acordes, criando assim a harmonia entre os sons, da mesma maneira que a Ciência moderna usa a linguagem matemática para estudar e descrever os fenômenos naturais e a relação entre eles. Pitágoras encontrou uma relação básica entre harmonia musical e Matemática; para quem pregava que os números são a linguagem da Natureza, agora podia dizer que a Música *é a voz dos números.*

- Proporções

Como veremos, o *Número de ouro* provém de uma proporção, logo é interessante antes de prosseguirmos, abordar este assunto com mais detalhes.

Uma proporção é formada por um quociente, e esta relação é uma comparação entre dois números, números estes que podem representar quantidades, tamanhos, alturas etc.

Essa relação é representada por $a:b$ ou a/b (proporção entre dois elementos, por exemplo o número de homens de um determinado País é de 40 em cada 100 habitantes ou $\frac{40}{100}$), mas as proporções podem ser mais complexas envolvendo quatro elementos a,b,c,d, ou seja $\frac{a}{b}=\frac{c}{d}$. Isso quer dizer que o quociente de $\frac{a}{b}$ é igual ao quociente de $\frac{c}{d}$, onde lê-se: a está para b assim como c está para d.

Busto de Pitágoras de Samos.

Ao lado, uma xilogravura de Gregor Reisch de 1503. Nela temos a aritmética, personificada por uma mulher, que traz em suas pernas duas progressões geométricas 1, 2, 4, 8 e 1, 3, 9, 27. Ela ensina a Pitágoras, à sua esquerda, a utilização do ábaco e a Boécio, à sua direita, a utilização do novo sistema numérico da época.

Ao lado, de Franchinus Gafurius de 1492, aparece Pitágoras fazendo experiências com sons de sinos, vasilhas com água, num instrumento com cordas esticadas e com flautas de diferentes tamanhos.

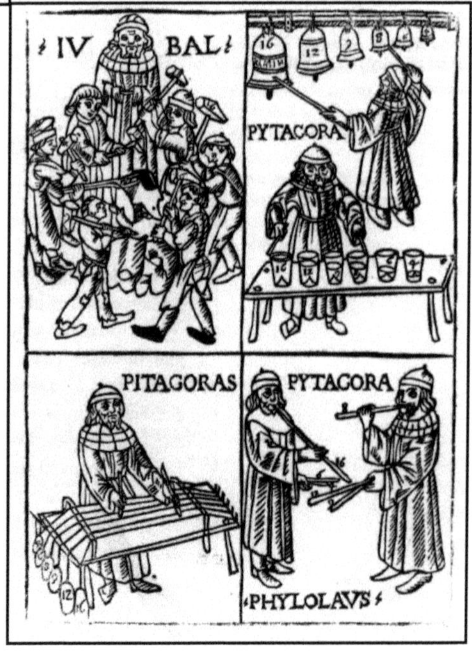

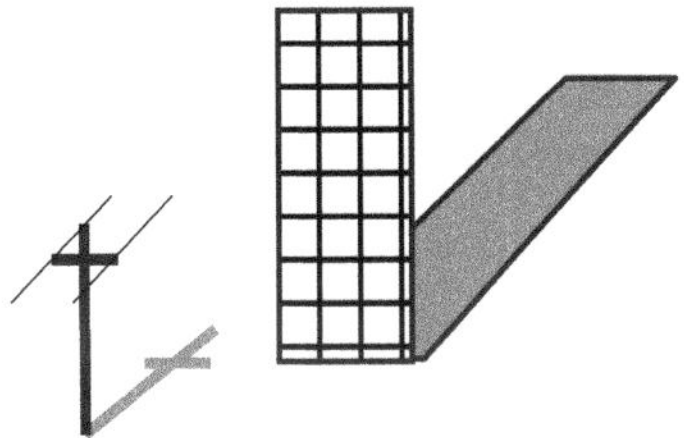

A proporção entre quatro elementos pode ser exemplificada por: *a altura de um poste está para a sua sombra, assim como a altura de um prédio está para a sua sombra.* Essa relação foi chamada pelos pitagóricos de *proporção descontínua de quatro termos.* Para fixar melhor a ideia, vamos entre muitos exemplos destacar a semelhança de triângulos.

Os triângulos a seguir são ditos semelhantes, são retângulos e opostos pelo vértice, logo possuem todos os ângulos iguais. Então podemos montar a proporção $\frac{a}{b} = \frac{c}{d}$.

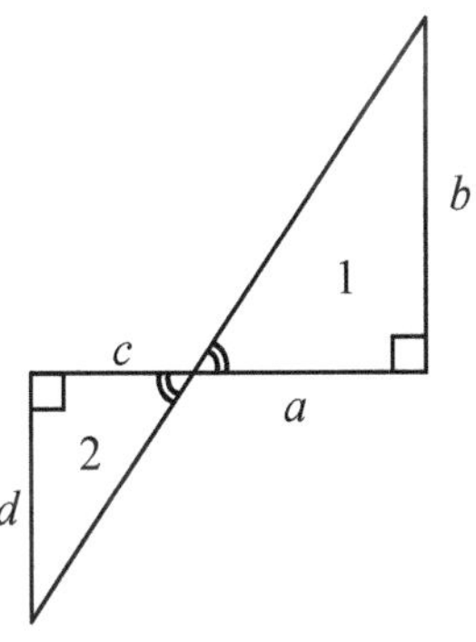

Se $a = 8$, $b = 12$ e $c = 6$, teremos: $\frac{8}{12} = \frac{6}{d} \Rightarrow \quad d = 9$

Então podemos escrever: $\frac{8}{12} = \frac{6}{9} \Rightarrow \frac{2}{3}$

Diz a história que as três médias Aritmética, Geométrica e Harmônica, que antes chamava-se *subcontrária,* tiveram origem na Mesopotâmia onde Pitágoras, em uma de suas viagens, as conheceu. Mas esse trabalho foi completado pelos pitagóricos com a adição de sete novas médias e um teorema. Se $a < b < c$ e b é média de a e c, então as três quantidades estão relacionadas por uma das proporções seguintes:

1. $\frac{b-a}{c-b} = \frac{a}{a} = \frac{b}{b} = \frac{c}{c} = 1$ Proporção Aritmética. Ex. 1, 2, 3...

2. $\frac{b-a}{c-b} = \frac{a}{b}$ Proporção geométrica. Ex 1, 2, 4...

3. $\frac{b-a}{c-b} = \frac{a}{c}$ Proporção harmônica Ex 2, 3, 6...

4. $\frac{b-a}{c-b} = \frac{c}{a}$ Ex. 3, 5, 6

5. $\frac{b-a}{c-b} = \frac{b}{a}$ Ex. 2, 4, 5

6. $\frac{b-a}{c-b} = \frac{c}{b}$ Ex. 1, 4, 6

7. $\frac{c-a}{b-a} = \frac{c}{a}$ Ex. 6, 8, 9

8. $\frac{c-a}{c-b} = \frac{c}{a}$ Ex. 6, 7, 9

9. $\frac{c-a}{b-a} = \frac{b}{a}$ Ex. 4, 6, 7

10. $\frac{c-a}{c-b} = \frac{b}{a}$ Série de Fibonacci Ex. 3, 5, 8

Podemos definir uma proporção com dois ou quatro termos, mas também temos a possibilidade de trabalhar com três termos a, b e c de tal forma que $a < b < c$ e que suas diferenças sejam constantes. Então, partindo da proporção $\frac{b-a}{c-b} = \frac{a}{a} = \frac{b}{b} = \frac{c}{c} = 1$, temos:

$$c - b = b - a \Rightarrow \qquad -b = b - a - c \Rightarrow$$

$$-2.b = -a - c \Rightarrow \qquad \therefore \qquad \underline{\underline{b = \frac{a+c}{2}}}$$

Dessa maneira, obtemos a média Aritmética b, partindo de uma proporção de três termos, onde a diferença entre os termos é igual, mas o quociente é diferente.

Da proporção $\frac{b-a}{c-b} = \frac{a}{b}$, temos: $b.(b-a) = a.(c-b) \Rightarrow$

$b^2 - a.b = a.c - a.b \Rightarrow \qquad b^2 = a.c \qquad \therefore \qquad \underline{\underline{b = \sqrt{a.c}}}$

Aqui conseguimos obter a média geométrica partindo de uma proporção de três termos, onde as diferenças entre os termos são diferentes, mas os quocientes são iguais.

Da proporção $\frac{b-a}{c-b} = \frac{a}{c}$,

Temos: $c.(b-a) = a.(c-b) \Rightarrow$

$$c.b - c.a = a.c - a.b \Rightarrow$$

$$c.b + a.b = 2.a.c \Rightarrow$$

$$b.(a+c) = 2.a.c \Rightarrow \qquad \therefore \qquad \underline{\underline{b = \frac{2.a.c}{a+c}}}$$

Onde b é a média harmônica que difere das duas anteriores por ser uma combinação delas e é o resultado da multiplicação dos extremos (a, c) e da média Aritmética $\frac{a+c}{2}$.

Finalmente os números passaram a controlar a harmonia musical, e por que não a Harmonia Universal?

Em Geometria, Pitágoras, ou os pitagóricos, estabeleceu definições dos elementos fundamentais tais como; linha, superfície, ângulo etc. e demonstrou teoremas como: *"a soma dos quadrados dos catetos é igual ao quadrado da hipotenusa"; "a soma dos ângulos internos de um triângulo é igual a dois ângulos retos"*, mas não parou por aí, estudou também os sólidos regulares.

- Sólidos Platônicos

Sólidos regulares: figuras sólidas com polígonos regulares como lados, repetidos simetricamente. Este conceito já era conhecido entre os pitagóricos que conheciam os cinco[32] sólidos regulares existentes: hexaedro ou cubo (sólido com seis faces quadradas), tetraedro (sólido com quatro faces triangulares), octaedro (sólido com oito faces triangulares), dodecaedro (sólido com doze faces pentagonais), e o icosaedro (sólido com 20 faces triangulares). Ao cubo, tetraedro, octaedro e icosaedro os gregos relacionaram os quatro elementos - terra, ar, fogo e água - e o dodecaedro[33] foi associado ao Universo ou ao quinto elemento. Estes, e somente estes, sólidos recebem o nome de *Sólidos Platônicos*, a sua designação deve-se a Platão, que os redescobriu em cerca de 400 a.C..

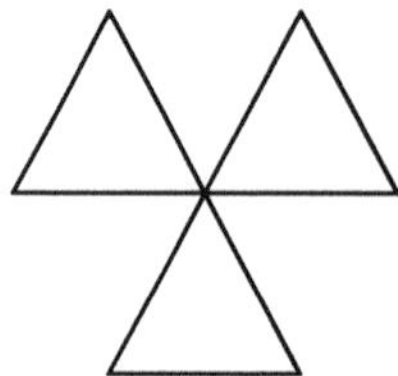

Se três triângulos equiláteros possuírem um vértice comum, dobrados de maneira que seus lados se toquem dois a dois, ao adicionar um quarto triângulo igual aos anteriores, formarão um *tetraedro regular*.

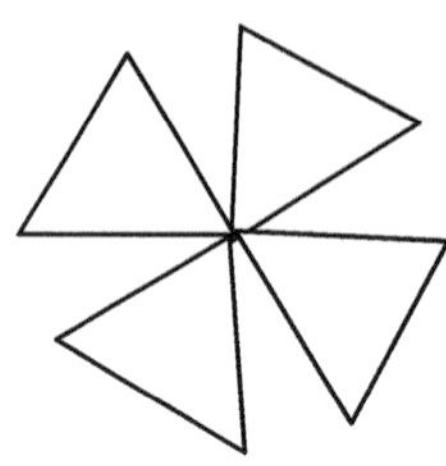

Quatro triângulos equiláteros iguais, unidos pelo vértice, de forma que seus lados se toquem dois a dois, unidos com outros quatro nas mesmas condições, formarão um *octaedro* regular.

[32] A impossibilidade da existência do sexto sólido regular foi provada por Euclides.

[33] Segundo consta, o pitagórico que descobriu o quinto sólido regular afogou-se no mar, como castigo por ter levado ao conhecimento público tal descoberta.

Com cinco triângulos e o mesmo conceito podemos formar um sólido de vinte faces ou um icosaedro.

Seis triângulos equiláteros, unidos por um dos vértices, encherão todo o espaço angular em torno desse vértice e não será possível formar um poliedro regular.

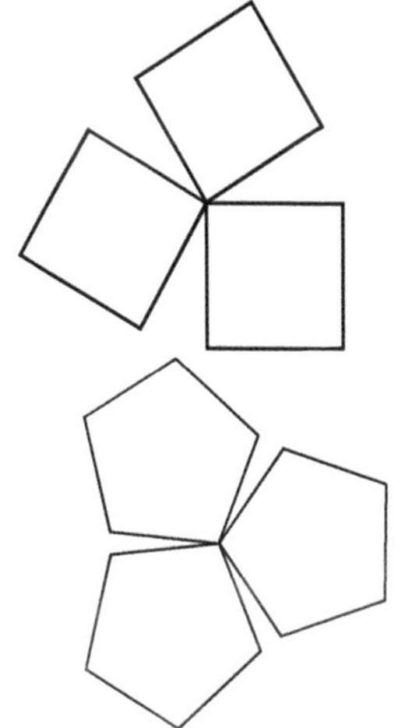

Usando quadrados ao invés de triângulos só conseguiremos o cubo ou *hexaedro regular.*

Usando pentágonos (ângulo interior de 108°), obtemos um sólido de doze faces ou o *dodecaedro regular.*

Formação dos sólidos regulares, partindo de triângulos equiláteros, quadrados e pentágonos.

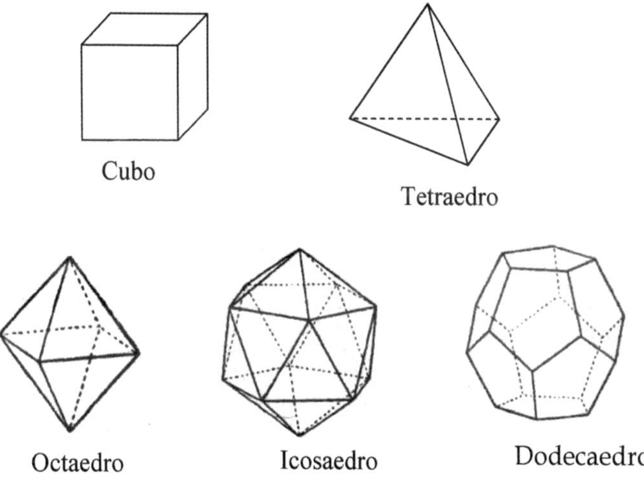

Nas condições citadas não existem outros sólidos regulares, exceto a esfera, que também tinha seu lugar entre os sólidos regulares. Era considerada como o mais perfeito de todos os corpos sólidos. Apesar do misticismo, durante os cerca de duzentos anos que se seguiram à fundação da escola, os pitagóricos desenvolveram além de muita, uma excelente Matemática, que serviu de base para o que ainda estava por vir no desenvolvimento científico do mundo grego. Em Geometria, os pitagóricos são responsáveis pelas propriedades das retas paralelas, que foram usadas para provar que a soma dos ângulos internos de um triângulo é igual a $180°$.

Pitágoras e a secção áurea

Sem os recursos da Matemática não nos seria possível compreender muitas passagens da Santa Escritura.
Santo Agostinho

A descoberta de que até o som podia ser traduzido em simples relações numéricas deve ter trazido a Pitágoras muito entusiasmo e alegria. Já a descoberta da existência de números irracionais deve ter trazido, na mesma intensidade, não só uma tristeza imensa, mas por certo uma grande preocupação. Os pitagóricos, de um momento para outro, viram a Matemática não corresponder às expectativas. A Ciência mais racional mostrava seu lado rebelde, eram aqueles estranhos seres, que de uma forma ou de outra, dilaceravam os cálculos geométricos e provocavam uma quebra de harmonia na fabulosa relação entre a Natureza e a Matemática. Mas a indignação não foi privilégio somente dos pitagóricos. Para os antigos gregos num todo, não só o conceito de infinito, mas números do tipo $\sqrt{2}$, $\sqrt{3}$, $\sqrt{5}\ldots$, cujos resultados, sabia-se de antemão, que eram números irracionais, sempre provocaram grandes arrepios em um povo para o qual a Geometria reinava de forma inconteste; assim, era inadmissível poder traçar um segmento de reta e não poder medi-lo; para um antigo geômetra, um número, que na realidade representava um segmento, tinha que ser fixo, tangível e mensurável. Mas a Natureza é pródiga, se não fossem os números irracionais, que na Geometria grega significavam um segmento incomensurável, não existiria o número $\sqrt{5}$, e tampouco uma proporção numérica que relaciona a Matemática com o crescimento animal e vegetal, com a distribuição de galhos numa árvore, com a distribuição das sementes num girassol, ou seja, com a vida de uma forma geral. Esta proporção é única e é expressa através da chamada *Proporção Áurea*. Aqui, num breve relato, vamos verificar de que maneira esse número está relacionado ao misticismo e como podemos chegar à Proporção Áurea.

Nem sempre precisamos de dois *uns*, para obter o dois. Um exemplo clássico, que cabe aqui, seria o caso de uma célula viva que a partir dela mesma, ou da unidade, consegue duplicar-se. Os animais, os seres humanos, os vegetais e tudo aquilo que tem vida nasce depois de um longo período de duplicação celular, é a vida surgindo a partir da divisão, um verdadeiro paradoxo, é a Natureza dividindo para poder multiplicar, e tudo a partir do um, a partir da unidade. Pensando desta maneira podemos afirmar que a unidade é absoluta, singular e a partir dela provém tudo. Para as religiões, a unidade é o símbolo perfeito para representar deus que, por sua vez representa a multiplicidade, um ser supremo que traz em si o poder da criação, tudo provém dele, e como em nenhum sistema numérico pode haver dois *uns*, em religião alguma pode haver dois deuses supremos. Assim, a unidade fica ligada diretamente a deus, ao ato da criação e, portanto ao ato da multiplicidade através da divisão. A Geometria, sim, exatamente essa Geometria simples que conhecemos, é que tem o poder mágico de criar o dois sem precisar de dois *uns*, ou seja, também traz em si o poder da duplicação e da multiplicidade podendo, desta forma, gerar outros números sem a necessidade da soma, como a célula viva que começa da unidade, cria o dois e continua a mesma célula inicial. Na Geometria, o quadrado nos mostra com clareza os quatro pontos cardeais, que nos posicionam com relação ao espaço, tornando esse espaço compreensível ou orientando-nos, representando assim tudo aquilo que é palpável. Sendo formado por dois pares de elementos perfeitamente iguais, mas opostos, vai ao encontro de tudo que encontramos na Natureza, ou o dualismo. O quadrado com lado igual à unidade já traz em si o fato gerador, ou seja, sua diagonal para a construção de um novo quadrado com o dobro de sua área, criando uma nova figura totalmente simétrica e com a mesma forma. A reprodução celular tem como *fato gerador* o exato instante em que uma célula viva começa a duplicar-se, escondendo nesse acontecimento, ou nesse exato instante, um segredo ainda inexplicável ao homem: é o irracional, presente na Natureza. Em analogia a esse acontecimento, não é de se estranhar que o *fato gerador* ou a diagonal de um quadrado de lado um, seja um número irracional, pois temos neste quadrado a presença divina representada por seu próprio lado que é igual à unidade. Dessa maneira, o quadrado pode representar o modelo de crescimento por divisão celular dos seres vivos, não apenas em número, mas na forma, que tem como célula mãe, a unidade.

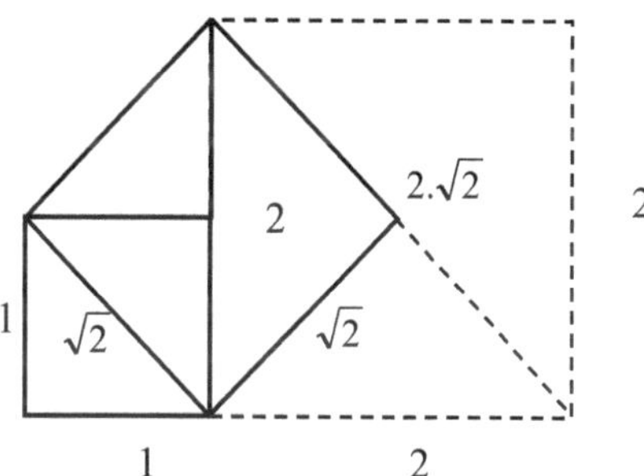

Pitágoras via o quadrado como sendo um corpo finito, limitado e mensurável, um ente geométrico perfeito para ser usado como símbolo da perfeição finita, então, ensinava que tanto nossa vida quanto nosso corpo precisavam ser finitos e limitados, pois, somente assim podemos descobrir e perceber os princípios abstratos revelados num mundo finito e nas causas que criam e sustentam a vida, e são esses mesmos princípios abstratos que também têm o poder de expressar o infinito.

Outra analogia interessante entre o quadrado e a Natureza é o fato de existir no interior do quadrado de lado unitário, a *raiz* ($\sqrt{\ }$) do número dois, da mesma forma que a raiz de um vegetal está no interior da terra. Assim, como a duplicação do quadrado depende da raiz de um número, a duplicação celular ou crescimento do vegetal depende da raiz que a nutre. Levando-se em conta que um raio no céu mostra-nos um desenho semelhante à raiz de um vegetal, podemos dizer que a raiz do céu é seu raio, e esta semelhança também pode ser facilmente explicada, pois o raio ou a descarga elétrica transforma o nitrogênio e o carbono em compostos assimiláveis pelas plantas, cumprindo sua função de gerar alimentos, mesma função da raiz de um vegetal. Em nossos corpos temos nossa raiz, representada pelo intestino e pelo cérebro. O primeiro, transforma o alimento em energia e o segundo, transforma matéria-prima em razão e entendimento. Com base nessas considerações podemos dizer que a função geométrica $\sqrt{2}$ representa o *processo gerador*, a transformação ou a formação natural das coisas.

Os quatro elementos fundamentais ar, terra, fogo e água podem ser representados pelo quadrado e seus lados, figura que pode ser construída mediante o cruzamento dos opostos, ou seja, linhas horizontais e verticais, o mesmo cruzamento que a Natureza - que significa *o nascido* - requer entre os opostos: macho e fêmea para que a vida possa ser gerada. O quadrado então pode representar a vida em nosso planeta e fica diretamente ligado a Terra. Mas dirá o leitor, a Terra é curva e os lados do quadrado são retos! Então poderíamos dizer que, como o Universo em sua totalidade possui uma curvatura infinita, o lado de um quadrado por sua vez, também poderia ter uma curvatura infinita.

O círculo, com sua simplicidade na forma e a incomensurabilidade nos cálculos, mostra-se uma figura acima de todas as figuras geométricas existentes, podendo, desta forma, ser o símbolo perfeito para representar a unidade, deve então trazer em si o poder da formação. O círculo mostra, em sua própria circunferência, um caminho plano, cíclico e infinito, excelente figura para representar uma célula. Dois círculos podem representar o dualismo, e suas intersecções formam uma figura parecida com um peixe conhecido como *Vesica Piscis* (literalmente; uma bexiga que, quando cheia, toma a forma de um peixe). Foi uma figura geométrica que teve grande valor junto aos místicos cristãos da Idade Média e ainda hoje é uma das fontes de referência a Cristo, representando a ideia do *princípio cristão.*

Um raio no céu e sua semelhança com a raiz de um vegetal.

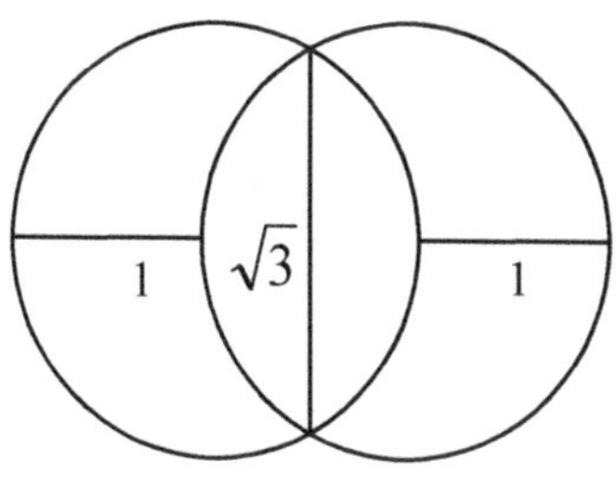

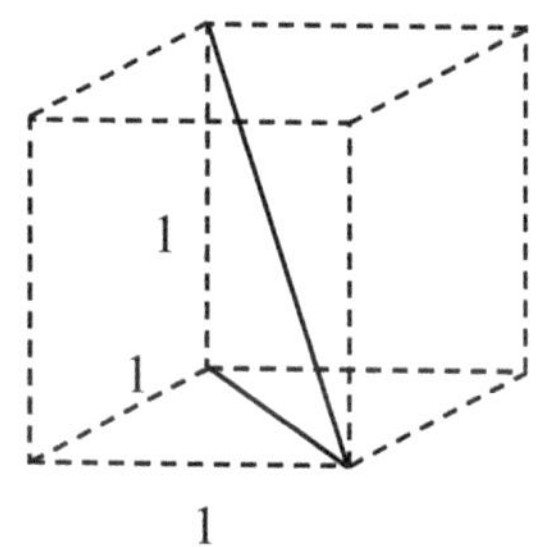

Se considerarmos dois círculos, cada qual como um ser representando o macho e a fêmea, o homem e a mulher, o cruzamento de ambos nos fornece a figura de um peixe ou ainda a criação de um novo ser. Nesse cruzamento encontramos com facilidade, a $\sqrt{3}$ no interior da figura, desta maneira, essa raiz fica relacionada com o *processo de formação.* Também encontramos a $\sqrt{3}$ no interior do cubo, ou na sua diagonal, dividindo seu volume, e devemos lembrar que tudo que se manifesta ou existe é um volume e, para a formação de qualquer volume, exige-se no mínimo, uma figura com três vértices, assim como a trindade, que é a base de toda a criação.

O peixe, é lógico, é a figura simbólica da *era de Peixes,* representando a união entre o inferior e o superior, entre o céu e a Terra, entre o criador e a criatura, exatamente uma das funções de Cristo. É por intermédio desses conceitos que esta forma toma lugar de destaque nas catedrais góticas dentro do *Vesica Piscis,* literalmente *bexiga de peixe.*

Cristo dentro do *Vesica Piscis*

Ampliando um pouco mais este breve comentário sobre a Geometria mística, chegamos finalmente ao nosso objetivo, a $\sqrt{5}$, pois será através dela que iremos chegar à relação denominada *áurea.* Ela é encontrada como valor da diagonal de um retângulo que, por sua vez, é formado por dois quadrados de lados unitários, um quadrado representa o mundo inferior ou o mundo do corpo e, o outro, o mundo superior ou o mundo do espírito, as formas de relacioná-los são conhecidas como *princípios crísticos.*

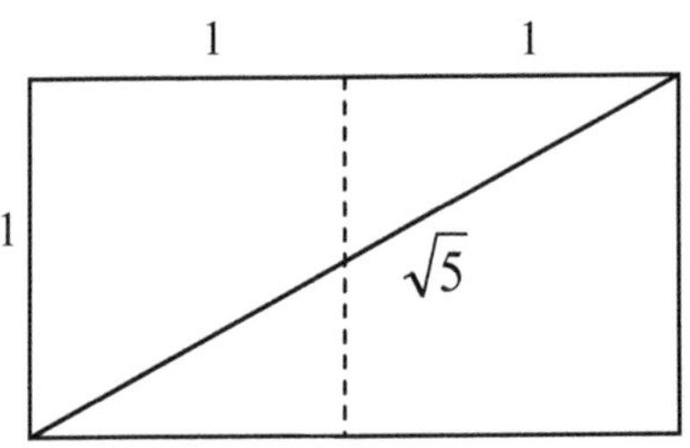

Geometricamente, a diagonal desse retângulo representa a $\sqrt{5}$, ou o *processo regenerativo.* Essa diagonal possui a característica de atravessar esses dois mundos e a família de relações, geradas por essa raiz, recebe o nome de *proporção áurea.* Foi através dela que uma série de símbolos foi gerada e utilizada pelos filósofos gregos como fundamento do ideal divino ou do amor universal.

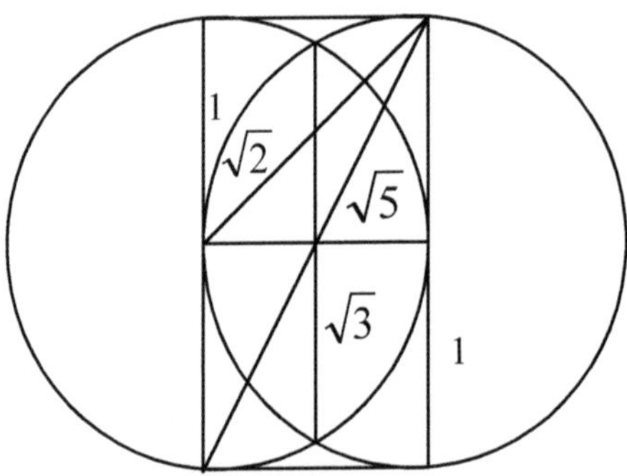

As duas principais figuras geométricas reunidas nos dão as três raízes principais necessárias para a construção dos cinco sólidos regulares, base de todas as formas volumétricas. Também os números 2, 3 e 5 são os únicos necessários para a divisão da oitava em escalas musicais.

Para comparar duas coisas quaisquer, seja em tamanho, quantidade, qualidade etc. usamos um quociente, este por sua vez dará o resultado da relação entre elas, por exemplo, sejam as casas *A* e *B*, então suponhamos que temos a seguinte relação: $\frac{casa\ A}{casa\ \mathrm{B}} = 2$, que pode ser escrito como $casa\ A = 2\,.\,casa\ B$, este resultado nos diz que a casa A é duas vezes a casa B, ou seja, duas vezes qualquer coisa, pode ser duas vezes maior, mais alta, mais bonita etc.

Entre números esta relação funciona da mesma forma, mas o resultado mostra em termos de valor, o quanto o número *a* é em relação ao número *b* assim, um quociente constitui a medida de uma diferença. Uma proporção já é algo mais complexo, pois mostra-nos a relação de equivalência entre dois quocientes, onde um elemento está para o segundo elemento assim como o terceiro está para o quarto, ou *a* está para *b* assim como *c* está para *d* ou $\frac{a}{b} = \frac{c}{d}$, ou $\frac{2}{4} = \frac{3}{6}$. Este procedimento era conhecido entre os gregos como *analogia*, já os pitagóricos o denominavam *proporção descontínua de quatro termos.*

Mas existem casos em que os extremos estão unidos pelo ponto médio, em outras palavras, temos uma proporção de três elementos, onde o primeiro elemento está para o segundo elemento, assim como, o segundo elemento está para o terceiro elemento ou $\frac{a}{b} = \frac{b}{c}$, ou $\frac{2}{4} = \frac{4}{8}$. Essa proporção recebeu o nome de *proporção contínua de três termos.*

O mundo é reflexo de nossa consciência, esta frase sintetiza bem a maneira e a forma pela qual percebemos tudo. Nossa experiência com o mundo externo deve-se aos nossos órgãos de percepção, assim se reconhecemos um objeto qualquer, é porque já possuímos a imagem desse objeto gravada em nosso cérebro, imagem esta, que foi registrada por nosso nervo óptico. Portanto, somos um elo físico indispensável entre a Natureza e a nossa consciência, somente assim é que podemos interpretar e distinguir tudo aquilo que nos rodeia. Quando o campo vibratório exterior está em equilíbrio com o campo interior de nossas percepções, diz-se que a pessoa está em *estado de consciência*, ou seja, a pessoa consegue perceber as coisas como realmente elas são, assim podemos dizer que o mundo exterior é interdependente da nossa condição física, psicológica ou mental e, por conseguinte, esse mundo exterior será alterado mediante as mudanças em nossa condição interna. A partir das definições de proporções, e desse conceito, podemos formular a seguinte pergunta: será possível construir uma proporção que nos revele o quanto nossa consciência extrai da realidade absoluta da Natureza? Aqui precisaríamos de uma divisão proporcional envolvendo dois termos, neste caso consciência e Natureza, e esta proporção só é possível quando *o termo menor está para o termo maior, assim como o termo maior está para o todo*, ou seja, *nossa consciência está para a Natureza assim como a Natureza está para a Natureza mais nossa consciência.*

Esta proporção envolve apenas dois termos, pois o terceiro termo é o primeiro mais o segundo e pode ser escrita como $\frac{a}{b} = \frac{b}{a+b} \Rightarrow$ $b = \sqrt{a.(a+b)}$, com $a < b$. Esta é uma proporção geométrica única que contém dois termos; historicamente ela foi chamada pelos antigos de *proporção áurea.* Para um grego antigo ela seria entendida como: *a área do quadrado construído sobre o segmento maior é equivalente à área do retângulo cujos lados são o segmento menor e a linha toda;* essa característica foi aproveitada com sucesso pela arquitetura grega do século V, também diz-se que: *um ponto divide um segmento de reta em média e extrema razão, quando o mais longo dos segmentos é a média geométrica entre o menor e o segmento todo,* onde *b* é o segmento áureo.

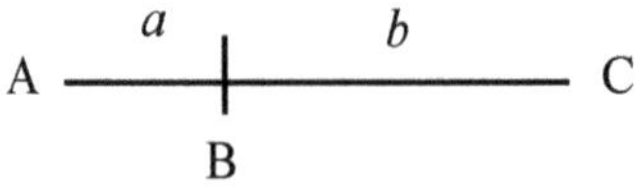

A —a— B —b— C $\quad \frac{AB}{BC} = \frac{BC}{AC} \Rightarrow \frac{a}{b} = \frac{b}{a+b} \Rightarrow b = \sqrt{a.(a+b)}$

Se dividirmos um segmento em duas partes iguais, essas partes poderão constituir uma proporção, ou seja, uma proporção com um único termo? A resposta é *não,* pois seguindo o mesmo raciocínio teríamos $\frac{a}{a} = 1 \Rightarrow a = a$ veja o leitor que a resolução dessa equação faz com que uma parte anule a outra, assim criamos uma igualdade, e somente com igualdade não existe diferença, portanto, não é possível uma proporção com um único termo.

Desta maneira verificamos os tipos possíveis de proporções geométricas, a proporção comum de quatro termos ou, como diria Pitágoras, *proporção descontínua de quatro termos;* depois a proporção de três termos, que recebia o nome de *proporção continua de três termos;* e, dentro desta proporção conhecemos um caso particular em que o terceiro termo é igual à soma dos outros dois de tal maneira que resumiu-se a uma proporção de dois termos. Depois também vimos a impossibilidade da existência de uma proporção com um único termo. Assim como os números π e e, o resultado derivado da Proporção Áurea, como veremos adiante, é constante e irracional, ele é conhecido como o *número de ouro ou número áureo,* número porque é um desenvolvimento matemático e porque se calcula esse número; áureo porque é através dele que podemos construir coisas agradáveis à vista, coisas que ficam em equilíbrio com nossa concepção primitiva de beleza e estética.

O assunto proporções foi abordado de maneira superficial, mas é um pré-requisito importante para o bom entendimento dos próximos capítulos.

Catedral de Rheims, na França. O círculo permaneceu como base da construção do arco, sendo muito utilizado pelos árabes em suas obras arquitetônicas, verifica-se facilmente esta tendência na arquitetura religiosa dos mosteiros, por exemplo, na mesquita de Córdoba na Espanha.

Prelúdio a um número

A Geometria tem dois grandes tesouros: um é o teorema de Pitágoras, e o outro é a divisão de um segmento em média e extrema razão, o primeiro pode se comparar à medida de ouro e o segundo é uma pedra preciosa.

Johannes Kepler

As Ciências e as artes há muito aprenderam a ler a Natureza, reconhecer certas proporções nela contida e transportá-la para nosso dia-a-dia. Já na antiga Grécia sabia-se que quando um retângulo tem a largura, o comprimento e a diferença numa determinada proporção este parecia ser mais coeso, mais agradável aos olhos, mostrando certa harmonia estética, e a esta harmonia foi associada uma espécie de virtude excepcional, então, chamaram o número para qual converge esta proporção de *número áureo.*

Na realidade, a história desse número perde-se nos labirintos do tempo, ele é encontrado nas pirâmides, no papiro de Rhind, o mais antigo documento da história da Matemática, que traz referências a uma chamada *razão sagrada*, que talvez seja a razão áurea. Esse número não pode ser expresso como a razão de dois números inteiros, logo ele é irracional, aquele que foge do raciocínio, talvez o primeiro número irracional da história precedendo até mesmo o mais famoso de todos eles, o π .

O número áureo é encontrado na Matemática de povos antigos como egípcios, babilônios, maias e astecas. A *razão* ou *secção áurea* tornou-se no decorrer do tempo a mais conhecida entre os matemáticos, perdendo apenas para a razão entre o comprimento e o diâmetro de uma circunferência que estabelece o número π ; era conhecida pelos gregos antes de Euclides, que a cita em *Os elementos,* no livro VI, proposição 30. O matemático grego Eudoxo de Cnido, 408 a.C. - 355 a.C., que estudou o método da exaustão, a teoria das proporções, é responsável por uma série de teoremas de Geometria dedicados à *secção de ouro* ou à *secção áurea.*

A Natureza, de uma forma ou de outra, sempre foi motivo de adoração pelo homem, e quando ele descobriu a íntima relação entre ela e o número de ouro pensou ter descoberto a pedra fundamental usada por deus para construir o universo.

Na literatura matemática mais antiga encontramos o número áureo designado pela letra grega *tau* τ derivada da palavra grega τομη que significa *corte* ou *secção.* Entretanto, a partir do século XX o matemático americano Mark Barr (1899) passou a usar a letra grega *phi* ϕ , a primeira letra do nome Fídias ou Phidias, em homenagem ao grande e talentoso escultor grego que viveu por volta de 490 a.C. a 430 a.C.. Sabe-se que Fídias conhecia o número áureo e o utilizou, não só em inúmeras obras de sua autoria, mas nas estátuas de Zeus de Olímpia e de Atena Partenos, deusa protetora da cidade de Atenas. Buscando sempre as proporções perfeitas, Fídias participou também da decoração do Partenon. Hoje é comum encontrar, em vários livros, os nomes: *proporção áurea, secção áurea, número áureo, número de ouro, proporção de ouro, divina proporção, secção divina, phi,* cujo símbolo é ϕ , mas devemos ter em mente que todos eles possuem o mesmo significado e referem-se à mesma proporção.

Vários foram os matemáticos ao longo do tempo - desde antes dos gregos Pitágoras e Euclides, passando por Leonardo Fibonacci do Período Medieval, por Johannes Kepler na Renascença até os dias atuais - que ficaram fascinados pela proporção áurea. Na realidade não apenas matemáticos, físicos, ou astrônomos, mas também biólogos, músicos, arquitetos e profissionais das mais variadas áreas fizeram e fazem uso da proporção áurea para buscar a harmonia, a estética, as proporções exatas, enfim, a busca da beleza plena, em tudo aquilo que fazem.

$$A \overset{a}{\longrightarrow}\!\!\!\!\!\!+_{B}\overset{b}{\longrightarrow} C$$

Na proporção vista no capítulo anterior, chegamos a $b = \sqrt{a.(a+b)}$ que, sem parecer, na realidade, é uma equação do segundo grau em *a* ou em *b*, pois dela podemos obter:

$$b^2 = a^2 + a.b \Rightarrow b^2 - a.b - a^2 = 0$$

Vamos resolvê-la em *b*, pois ele é o segmento áureo, e é aquele nos interessa. Desprezando a raiz negativa, temos como solução:

$$b = \frac{a + \sqrt{a^2 + 4.a^2}}{2} \Rightarrow b = \frac{a + \sqrt{5.a^2}}{2} \Rightarrow b = \frac{a + a.\sqrt{5}}{2} \Rightarrow \frac{b}{a} = \frac{1+\sqrt{5}}{2} \Rightarrow$$

$\frac{b}{a} = 1{,}6180339887...$ fazendo $a = 1$ temos:

$b = 1{,}6180339887...$ ou $\phi = 1{,}6180339887...$

Este número é conhecido como *número áureo* ou *número de ouro* e determina a divisão de um segmento em média e extrema razão; também é o valor da corda do ângulo de $36°$; Kepler chamava a secção áurea de *sectio divina* ou *secção divina.*

A proporção inversa é dada por:

$$\frac{a}{b} = \frac{2}{1+\sqrt{5}} \Rightarrow \qquad \frac{a}{b} = \frac{2}{\sqrt{5}+1}.\frac{\sqrt{5}-1}{\sqrt{5}-1} \Rightarrow$$

$$\frac{a}{b} = \frac{2.\left(\sqrt{5}-1\right)}{5-1} \Rightarrow \qquad \frac{a}{b} = \frac{\sqrt{5}-1}{2} \Rightarrow \frac{a}{b} = 0{,}6180339887...$$

Fazendo $b = 1$, temos: $a = 0{,}6180339887...$ ou $\frac{1}{\phi} = 0{,}6180339887...$

Esta proporção é chamada de *proporção inversa*, assim se fizermos $1{,}6180339887... = g$, teremos: $\frac{b}{a} = g$ e $\frac{a}{b} = \frac{1}{g}$; mas, pela proporção inicial, $\frac{a}{b} = \frac{b}{a+b}$, obteremos:

$$\frac{b}{a+b} = \frac{1}{g} \Rightarrow g = \frac{a+b}{b} \Rightarrow \quad g = \frac{a}{b} + 1 \Rightarrow g - 1 = \frac{a}{b}$$

Mas, $\frac{a}{b} = \frac{1}{g}$ assim: $\underline{\underline{\frac{1}{g} = g - 1}}$

- Equação algébrica geral da Proporção Áurea

Aqui, primeiro, vamos obter a equação de segundo grau a partir da Proporção Áurea. Seja o segmento dividido em média e extrema razão:

A ——1——|——x—— C

$x + 1$

Daí tiramos: $\frac{1}{x} = \frac{x}{x+1} \Rightarrow \underline{x^2 = x + 1}$ (I)

Esta é a equação algébrica do segundo grau da Proporção Áurea onde uma das raízes é ϕ. Multiplicando I por x obtemos:

$$x^3 = x^2 + x \quad \text{(II)}$$

De I tiramos $x = x^2 - 1$ que substituindo em II nos dá:

$$\underline{x^3 = 2.x^2 - 1} \quad \text{(III)}$$

Substituindo I na incógnita x^2 em III obtemos:

$$\underline{x^3 = 2.x + 1} \quad \text{(IV)}$$

Multiplicando II por x obtemos:

$$x^4 = x^3 + x^2 \quad \text{(V)}$$

Substituindo III em x^3 em V obtemos:

$$x^4 = 2.x^2 - 1 + x^2 \Rightarrow \underline{x^4 = 3.x^2 - 1} \quad \text{(VI)}$$

Agora substituindo I em x^2 em VI

$$x^4 = 3.(x+1) - 1 \Rightarrow \underline{x^4 = 3.x + 2} \quad \text{(VII)}$$

Continuando as substituições obtemos:

$$x^5 = 5.x^2 - 2 = 5.x + 3$$

$$x^6 = 8.x^2 - 3 = 8.x + 5$$

$$x^7 = 13.x^2 - 5 = 13.x + 8$$

Esta sequência pode ser generalizada para[34]:

$$\underline{\underline{x^n = F_n.x^2 - F_{n-2} = F_n.x + F_{n-1}}}$$

Esta é a equação algébrica geral da Proporção Área onde F_n, F_{n-1} e F_{n-2} são os *Números de Fibonacci*[35].

Quando as constantes de equações com essa estrutura são os números de Fibonacci, é certo que uma das raízes será ϕ.

[34] Para o leitor se certificar dessas igualdades ver o capítulo *A divina Proporção* item *Propriedades algébricas da Proporção Áurea* e aplicá-las.

- Obtenção geométrica da proporção inversa

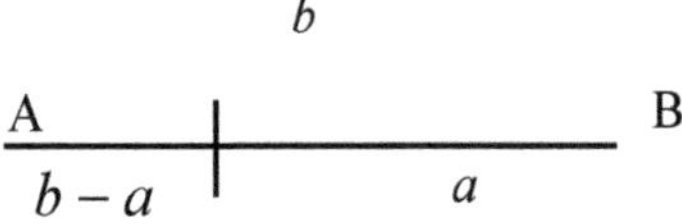

$$\frac{b-a}{a}=\frac{a}{b}\Rightarrow \quad a=\sqrt{b.(b-a)}$$

Esta proporção gera uma equação do segundo grau em *a* ou *b*, agora vamos resolvê-la em *b*, pois a razão inversa é dada pela razão do segmento maior pelo menor, assim ficamos com $a^2=b^2-a.b\Rightarrow b^2-a.b-a^2=0$, temos:

$$b=\frac{a+\sqrt{(-a)^2+4.a}}{2}\Rightarrow b=\frac{-a+\sqrt{5.a^2}}{2}\Rightarrow$$

$$b=\frac{a+a.\sqrt{5}}{2}\Rightarrow \frac{b}{a}=\frac{\sqrt{5}+1}{2}=1{,}6180339887...$$

Fazendo $a=1$, temos $b=1{,}6180339887...$

Qualquer que seja o ponto do diâmetro BC (figura a seguir) ao se erguer uma perpendicular *h*, este sempre será o termo médio geométrico entre os dois segmentos definidos no diâmetro, assim temos que $h^2=m.n$.

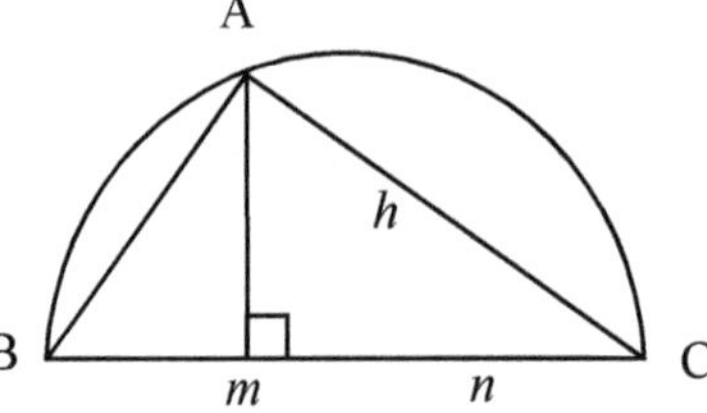

---

35 Leonardo Fibonacci, matemático responsável pela criação da série que leva o seu nome, o leitor encontrará parte de sua biografia e de seu trabalho no capítulo *O problema de Fibonacci.*

Na condição em que $n = m + h$, temos a proporção áurea na relação da altura com os segmentos da base num triângulo retângulo, pois: $h.h = m.n$ que podemos escrever: $\frac{m}{h} = \frac{h}{n}$, então substituindo *n*, teremos: $\frac{m}{h} = \frac{h}{m+h}$.

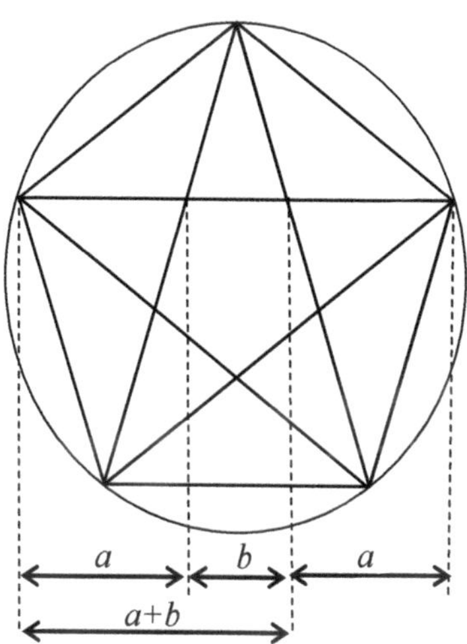

No pentágono regular, como mostra a figura acima, suas diagonais formam o pentagrama e interceptam-se segundo a proporção áurea. Logo temos[36]:

$$\frac{a}{b} = \frac{a+b}{a} = \phi = 1{,}6180339...$$

Da Proporção Áurea resulta todo um universo que continua se relacionando com ela mesma, pois nenhum termo da divisão original se separa de uma relação direta com a divisão inicial da unidade. Podemos encontrar esta relação de continuidade em grande parte das criações da Natureza relacionadas à vida.

---

36 Esta demonstração o leitor encontrará no capítulo A divina proporção - *Obtenção do segmento áureo no pentágono*

Como devemos proceder para obter o retângulo de ouro ou um livro ou uma janela com este formato? É simples, lembremos da relação $\frac{a}{b} = 0{,}6180$ ou a relação inversa. Para o caso de um livro, onde o comprimento deve ser de 25 cm, qual deve ser a largura? Façamos $b = 25$ e calculemos.

$$\frac{a}{b} = 0{,}6180 \Rightarrow \qquad \frac{a}{25} = 0{,}6180 \Rightarrow \qquad a = 15{,}45cm$$

Está resolvido. A capa de nosso livro deve medir $15{,}45\,cm$ x $25{,}00\,cm$.

Caso tivéssemos usado a razão inversa teríamos:

$$\frac{b}{a} = 1{,}6180 \Rightarrow \qquad \frac{25}{a} = 1{,}6180 \Rightarrow$$

$$a = \frac{25}{1{,}6180} \Rightarrow \qquad a = 15{,}45cm$$

Outra das propriedades da secção áurea: Seja o segmento de reta AB dividido por um ponto P, tal que esta divisão esteja em média e extrema razão e onde $AP > PB$, assim se o segmento AP for dividido por um novo ponto P_1 tal que $AP_1 = PB$, então o novo segmento AP também foi dividido em média e extrema razão por P_1. Este processo pode ser repetido infinitas vezes, dando origem a segmentos de reta cada vez menores, mas mantendo a propriedade.

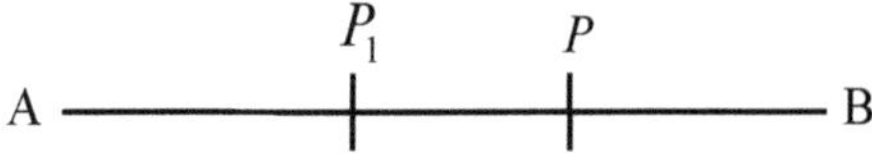

- Como construir um segmento áureo num segmento de reta qualquer

Seja, como mostra a figura a seguir, um segmento de reta *AB* qualquer; num dos extremos erguemos uma perpendicular, digamos em *B*, com comprimento igual à metade de *AB*, unimos *C* à *A* de forma a conseguir um triângulo retângulo *ABC*.

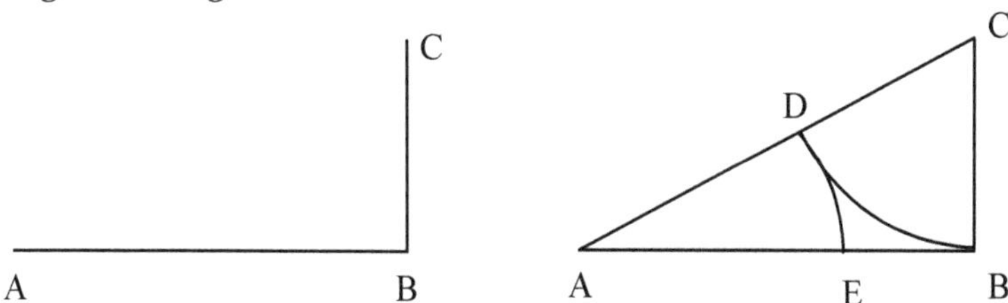

Com centro em *C* e raio *CB* traça-se um arco que vai cortar a hipotenusa *AC* no ponto *D*, depois com centro em A e raio *AD* traça-se o arco que vai cortar a base *AB* em *E*. Então *AE* é o segmento áureo de *AB*. Como podemos comprovar matematicamente este enunciado? Vejamos:

Por Pitágoras temos: $AC^2 = AB^2 + BC^2$

Fazendo $AB = x$ então $BC = \frac{x}{2}$

Logo: $AC^2 = x^2 + \left(\frac{x}{2}\right)^2 \Rightarrow \quad AC^2 = \frac{5.x^2}{4} \Rightarrow \quad AC = \frac{x.\sqrt{5}}{2}$

O ponto *D* na hipotenusa é marcado de forma que *CD* é igual a *CB*, então: $CD = \frac{x}{2}$, daí tiramos que:

$$AD = AC - CD \Rightarrow \quad AD = \frac{x.\sqrt{5}}{2} - \frac{x}{2} \Rightarrow \quad AD = AE = x.\left(\frac{\sqrt{5}-1}{2}\right)$$

Então temos a proporção:

$$\frac{AB}{AE} = \frac{x}{x.\left(\frac{\sqrt{5}-1}{2}\right)} \Rightarrow \frac{AB}{AE} = \frac{2}{\sqrt{5}-1} \Rightarrow$$

$$\frac{AB}{AE} = \frac{2}{\sqrt{5}-1}.\frac{\sqrt{5}+1}{\sqrt{5}+1} \Rightarrow \qquad \underline{\underline{\frac{AB}{AE} = \frac{\sqrt{5}+1}{2} = \phi}}$$

Vários são os métodos geométricos para obter a Proporção Áurea e a humanidade as utilizou de diversas formas: os gregos em sua arquitetura; está presente na arte sacra do Egito, da Índia, da China e do Islamismo além de outras civilizações antigas; nos monumentos góticos durante o Período Medieval e nas proporções em pinturas durante o Renascimento, entre outros.

O pentágono estrelado foi usado como emblema dos pitagóricos, além da secção áurea em seu interior, que os pitagóricos bem conheciam, a união de suas diagonais fornece uma estrela com cinco pontas, assim a cada ponta foi atribuída uma letra ou sinal e para a estrela toda foram atribuídos poderes mágicos.

A teoria dos números foi a base da escola pitagórica, e de acordo com suas ideias, o número é a essência do Universo, o número é a base da Natureza, da manifestação divina no mundo real, assim número, criação, Cosmologia e Música, ficam todos inter-relacionados. Mas este misticismo associado a números não foi criação de Pitágoras e nem dos pitagóricos, muito antes deles, diversas civilizações primitivas consideravam determinados números sagrados e atribuíam-lhes poderes, e sempre foi (até os dias atuais), um assunto tratado com especial atenção.

Aqui o número *phi* com mil casas decimais.

1,618033988749894848204586834365638117720309179805762862135448
622705260462818902449707207204189391137484754088075386891752
126633862223536931793180060766726354433389086595939582905638
322661319928290267880675208766892501711696207032221043216269
548626296313614438149758701220340805887954454749246185695364
864449241044320771344947049565846788509874339442212544877066
478091588460749988712400765217057517978834166256249407589069
704000281210427621771117778053153171410117046665991466979873
176135600670874807101317952368942752194843530567830022878569
978297783478458782289110976250030269615617002504643382437764
861028383126833037242926752631165339247316711121158818638513
316203840052221657912866752946549068113171599343235973494985
090409476213222981017261070596116456299098162905552085247903
524060201727997471753427775927786256194320827505131218156285
512224809394712341451702237358057727861600868838295230459264
787801788992199027077690389532196819861514378031499741106926
088674296226757560523172777520353613936...

A proporção áurea na história

É no Egito que vamos encontrar uma das civilizações mais antigas da história da humanidade, assim como em seu antigo sistema político que encontramos as figuras do sacerdote e do faraó, a grande autoridade do Egito antigo.

Os sacerdotes adquiriam conhecimento científico e este conhecimento, normalmente, estava intimamente ligado ao calendário e ao ano agrícola, em outras palavras, eram estudiosos de Astronomia; assim, era importante manter em segredo a posse de tais informações pois, com elas os sacerdotes tinham poder sobre o povo e adquiriam certo *status* social. É interessante esclarecer que o sacerdócio primitivo não tinha atividades exclusivamente religiosas, portanto difere em muito do atual significado da palavra, eles eram encarregados principalmente da marcação do tempo, ou desenvolvimento do calendário. Apesar desse tipo de atividade estar mais ligado a hipóteses científicas do que à fé religiosa, foi inevitável aos sacerdotes mesclarem Astronomia e calendário com crenças falsas e fantasias.

Quanto ao faraó, termo comumente utilizado como referência aos antigos reis do Egito desde 950 a.C., este tinha *status* de um deus, possuía enorme poder como líder religioso, civil e militar. A maior das pirâmides foi construída pelo faraó Quéops, cuja modéstia permitiu construí-la em sua própria homenagem, então deu-lhe seu próprio nome, diz-se que seu tamanho é para mostrar aos humanos comuns o quão pequenos são, e este objetivo com certeza fora alcançado[37]. As gigantescas pirâmides eram construídas para a preservação do corpo do faraó, uma verdadeira câmara mortuária, e perto delas havia as pirâmides das esposas e dos membros da família do faraó.

Agora voltando ao nosso assunto. Há quanto tempo existe o conhecimento do segmento áureo? Existe uma lenda descrita por Heródoto, em que as grandes pirâmides do Egito foram construídas de modo que a área de uma das faces inclinadas é igual ao quadrado de sua altura. Em cima desta hipótese, raciocinemos.

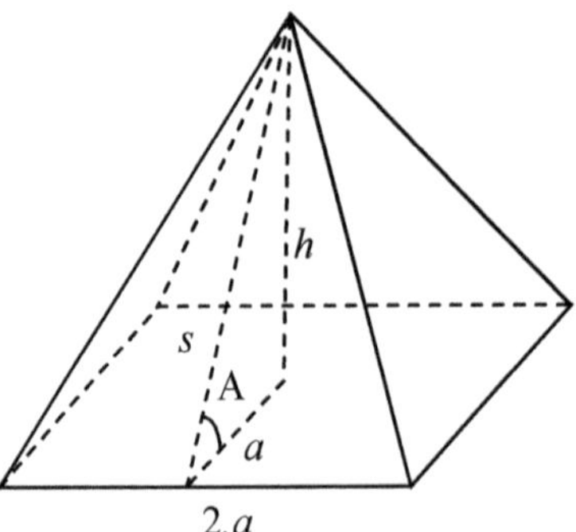

Seja a pirâmide, cuja base é um quadrado de lado $2.a$, altura h, e altura da face s. A área S da face é dada por:

$$S = \frac{2.a.s}{2} \Rightarrow \quad S = a.s \ \ logo, \ a.s = h^2$$

[37] O mesmo conceito ainda hoje é usado pelas igrejas, que na grandeza de seu esplendor e na riqueza de seu interior, mostra ao pobre fiel o quão pequeno ele é, assim como mostra o poder de uma fascinante farsa bem elaborada que serve apenas para humilhar o ser humano.

Por Pitágoras temos: $h^2 = s^2 - a^2$ assim, $a.s = s^2 - a^2 \Rightarrow s.(s-a) = a^2$ ou a Proporção Áurea. A grande pirâmide de Quéops tem base com lado igual a $233{,}16\,\text{m}$ e altura igual a $148{,}3\,\text{m}$, daí temos:

$$s^2 = a^2 + h^2 \Rightarrow \qquad s^2 = 116{,}58^2 + 148{,}2^2 \Rightarrow \qquad s = 188{,}56$$

Assim: $\frac{s}{a} = \frac{188{,}64}{116{,}58} = 1{,}6174$ considerando-se o desgaste da altura desde a sua construção podemos afirmar que esta relação é igual a ϕ. Da trigonometria sabe-se que esta relação exprime a secante do ângulo A, assim $\sec A = 1{,}6180$, e o ângulo cuja secante tem este valor é $51°50'$.

Depois dessas deduções, é interessante uma comparação com um fato histórico, a grande pirâmide de Quéops de Giza foi construída por volta de 4750 a.C. com uma altura superior a 148 metros, seu ângulo de inclinação é $51°52'$, a primeira pirâmide construída próximo a Medumi possui exatamente o mesmo ângulo e as outras duas grandes pirâmides de Giza, construídas por volta de 4600 a.C., possuem ângulos de inclinação de $53°10'$ e $51°10'$, esses números podem ser meras coincidências, mas, se não o forem, podemos afirmar que os egípcios, por volta de 5000 a.C. já conheciam a relação áurea. Em desenhos primitivos ou rupestres encontra-se a Proporção Áurea, não que nossos ancestrais tivessem tal consciência geométrica, mas com certeza a intuíram, na especulação da beleza e na forma.

Na Mitologia babilônica encontramos o deus do Sol, *Shamash*, num tablete com escrita cuneiforme datado de cerca de 870 a.C. Nele, se atribuirmos o tamanho 1 (uma unidade), à largura da figura obtemos ϕ em seu restante, o mesmo acontece quando atribuímos o tamanho 1 (uma unidade), à figura no trono, desenhada no mesmo tablete.

O responsável pela construção da primeira pirâmide do Egito, a pirâmide de Djoser ou a pirâmide de degraus, foi Imhotep, ou *I-em-htp* em egípcio, ± 2.700 a.C., arquiteto, médico, escritor, sacerdote e primeiro ministro do faraó Djoser. Apesar de poucas informações sobre Imhotep chegarem até nós, sua era é considerada uma época de grande sabedoria e seu legado teve grande influência na história egípcia durante milhares de anos. Como médico, acabou sendo deificado pelos egípcios 23 séculos após sua morte, e glorificado como deus da Medicina. Os gregos deram-lhe o nome de Imuthes e identificaram-no com Asclépio, filho de Apolo, o deus da Medicina greco-romana. A arquitetura inventada/desenvolvida por Imhotep na construção da pirâmide, foi no sentido de eternizar a vida do rei, aproveitando-se assim dos poderes mágicos que supostamente têm as pirâmides. A regularidade de suas construções sugere, não só, o conhecimento do número de ouro, mas o uso do conceito da Proporção Áurea.

No começo do século XX no Egito, arqueólogos encontraram uma cripta com os restos do arquiteto egípcio Khesi-khesi-Ra conhecido também como Khesira.

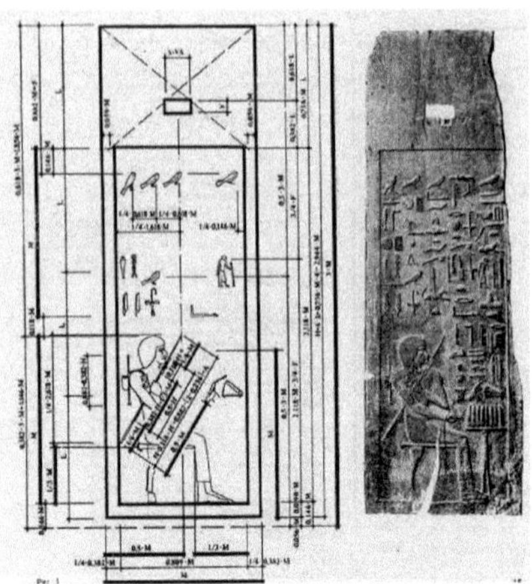

À direita a cripta de Khesira
e à esquerda sua planta.

Devido aos desenhos em painéis de madeira encontrados na cripta, acredita-se que ele tenha vivido no mesmo período do faraó Djoser, portanto, contemporâneo de Imhotep. A curiosidade destas placas é que após uma análise geométrica detalhada, verificou-se além da harmonia, uma surpreendente relação em suas medidas com a presença da Proporção Áurea.

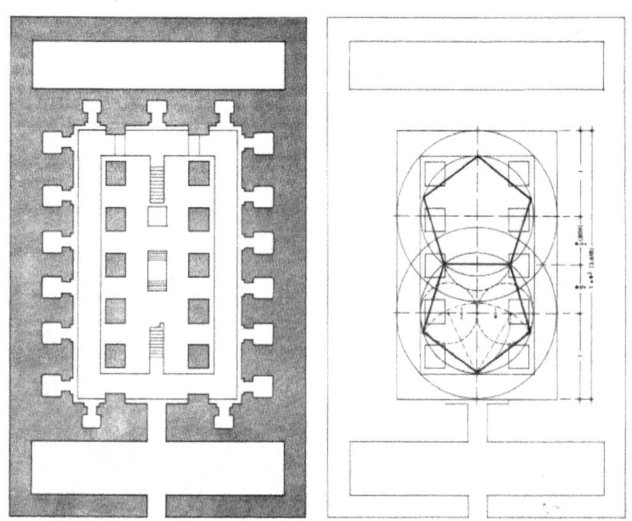

Planta do Templo egípcio Osírion.

O Osírion é um Templo egípcio situado em Abidos, foi descoberto por acaso em 1901 pelos arqueólogos Flinders Petrie e Margaret Murray quando estes trabalhavam nas escavações do Templo de Seti. Construído originalmente em um nível mais baixo que as fundações do Templo de Seti, talvez tenha servido como túmulo de Seti I, que governou o Egito de 1312 a 1298 a.C.

Mas, o que nos interessa é a Geometria do Templo, e como mostra a figura anterior, é certo que o Templo tem sua construção apoiada na Proporção Área, na $\sqrt{5}$ que, como já vimos, é o símbolo do processo regenerativo e na $\sqrt{2}$ símbolo que representa o processo gerador.

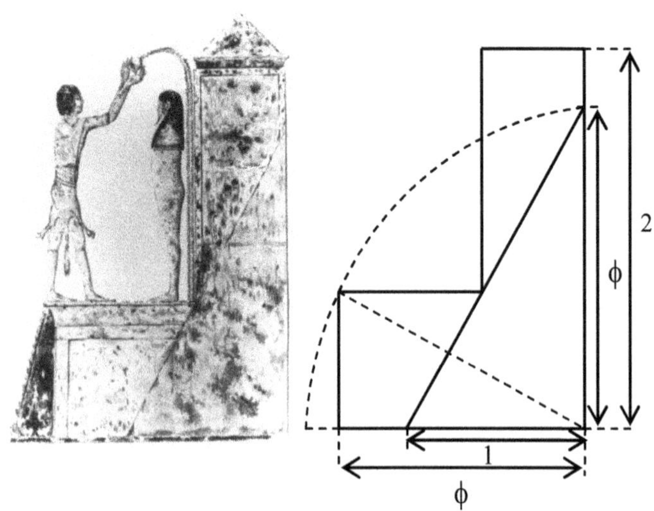

Em 1924 foi publicada a descoberta de um túmulo egípcio encontrado em 1919, figura anterior. Este túmulo é do período ptolomaico e está situado próximo às cidades de Hermópolis e Tot. Datado de 300 a.C pertencia ao sacerdote Petosiris e sua família. O interessante desse túmulo é a presença da relação áurea, como mostra o esquema geométrico da figura anterior à direita. O que se sabe ao certo é que era de total conhecimento de Petosiris os conceitos que envolvem a Proporção Áurea, esta conclusão encontra-se no livro *Sacred Geometry* de Robert Lawlor.

Euclides de Alexandria, matemático grego do século III a.C., fundador da Escola de Alexandria, já denominava a divisão de um segmento em média e extrema razão de *razão media e extrema,* somente no século XIX passou a chamar-se de *secção áurea.*

A divina proporção

- Propriedades algébricas da Proporção Áurea

A *divina proporção* é o nome dado por Leonardo da Vinci à *Proporção Áurea*. A proporção geométrica já definida anteriormente nos dá como resultado $\phi = \dfrac{\sqrt{5}+1}{2} = 1{,}6180\ldots$ que é a raiz positiva da equação de segundo grau $x^2 - x - 1 = 0$, logo $\phi^2 - \phi - 1 = 0$ ou $\phi^2 = \phi + 1$ (I). Dessa igualdade podemos tirar as seguintes características:

Multiplicando I sucessivamente por ϕ obtemos:

$$\phi^3 = \phi^2 + \phi$$

$$\phi^4 = \phi^3 + \phi^1$$

$$\phi^5 = \phi^4 + \phi^3$$

Repetindo o processo podemos generalizar para: $\underline{\underline{\phi^n = \phi^{n-1} + \phi^{n-2}}}$ (II)

Para expoentes negativos, ao se dividir I sucessivamente por ϕ obtemos:

$\phi = 1 + \frac{1}{\phi}$ ou $\phi^1 = \phi^0 + \phi^{-1}$

$1 = \frac{1}{\phi} + \frac{1}{\phi^2}$ ou $\phi^0 = \phi^{-1} + \phi^{-2}$

$\frac{1}{\phi} = \frac{1}{\phi^2} + \frac{1}{\phi^3}$ ou $\phi^{-1} = \phi^{-2} + \phi^{-3}$

Repetindo o processo podemos generalizar para:

(III) $\underline{\underline{\frac{1}{\phi^n} = \frac{1}{\phi^{n+1}} + \frac{1}{\phi^{n+2}}}}$ ou $\underline{\underline{\phi^{-n} = \phi^{-n-1} + \phi^{-n-2}}}$

De II temos que a progressão geométrica ou a série $1, \phi, \phi^2, \phi^3 \ldots \phi^n$, é formada por termos onde cada um deles é a soma dos dois anteriores, essa propriedade é, ao mesmo tempo, geométrica e aditiva e, por este motivo desempenha um importante papel no estudo do crescimento e da vida dos organismos, especialmente em botânica.

De III, temos que a progressão $1, \frac{1}{\phi}, \frac{1}{\phi^2}, \frac{1}{\phi^3} \ldots \frac{1}{\phi^n}$ é formada por termos onde cada um deles é a soma dos dois posteriores.

De I, temos $\phi^2 = \phi + 1 \Rightarrow \phi = \frac{\phi + 1}{\phi} \Rightarrow$ logo $\phi = 1 + \frac{1}{\phi}$, substituindo ϕ pelo seu próprio valor, obtemos com facilidade o desenvolvimento ϕ através de uma série:

$$\phi = 1 + \cfrac{1}{1 + \cfrac{1}{1 + \cfrac{1}{1 + \cfrac{1}{1 + \cfrac{1}{1 + \ldots}}}}}$$

Como $\phi^2 = \phi + 1$ temos que $\phi = \sqrt{1 + \phi}$, logo substituindo a série acima vem que:

$$\phi = \sqrt{1 + \sqrt{1 + \sqrt{1 + \sqrt{1 + \sqrt{1 + \ldots}}}}}$$

Da relação: $\phi^2 = \phi + 1$ (I)

Multiplicando I por ϕ obtemos: $\phi^3 = \phi^2 + \phi$ (II)

Substituindo ϕ^2 em II por $\phi + 1$ obtemos: $\phi^3 = 2.\phi + 1 \Rightarrow \phi^2 + \phi$

Repetindo obtemos: $\phi^4 = 3.\phi + 2 \quad \Rightarrow \phi^3 + \phi^2$

$$\phi^5 = 5.\phi + 3 \quad \Rightarrow \phi^4 + \phi^3$$

$$\phi^6 = 8.\phi + 5 \quad \Rightarrow \phi^5 + \phi^4$$

$$\phi^7 = 13.\phi + 8 \quad \Rightarrow \phi^6 + \phi^5$$

Que pode ser generalizado para: $\underline{\underline{\phi^n = a_n.\phi + a_{n-1}}} \Rightarrow \underline{\underline{\phi^{n-1} + \phi^{n-2}}}$

Onde a_n é o n-ézimo termo e a_{n-1} é o termo imediatamente anterior.

- Progressão Geométrica Áurea

Das relações anteriores é fácil verificar que a sequência:

$$\{1,\ \phi^1,\ \phi^2,\ \phi^3,\ \phi^4,\ \phi^5\ldots\ \ldots\phi^n\}$$

É uma progressão geométrica com razão ϕ, esta por sua vez, pode ser substituída pelos resultados já obtidos, assim ela toma a seguinte forma:

$$\{1,\ \phi,\ 1.\phi+1,\ 2.\phi+1,\ 3.\phi+2,\ 5.\phi+3,\ 8.\phi+5\ldots\ \ldots F_n.\phi+F_{n-1}\}$$

Onde F_n é um termo qualquer da *sequência de Fibonacci*[38] e F_{n-1} é seu antecessor.

Esta sequência, em especial, é chamada de *Progressão Geométrica Áurea*.

[38] O termo *Sequência de Fibonacci* foi usado pela primeira vez pelo matemático francês Edouard Lucas.

- Método para obter geometricamente o segmento áureo

1- Seja o retângulo *ABFG* formado por dois quadrados de lados iguais a um, logo $AF = \sqrt{5}$, tomando *H* como centro e *HF* como raio, traçamos um arco cuja intersecção com o prolongamento de *IE* gera o ponto *D*, então:

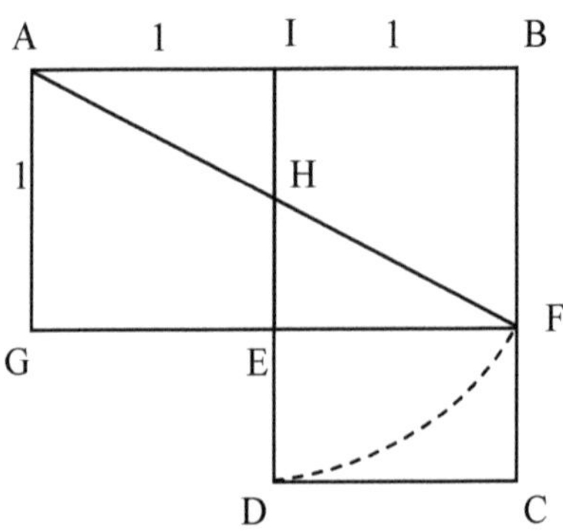

$$HF = HD = \frac{\sqrt{5}}{2} \quad \text{e} \quad IH = HE = \frac{1}{2}$$

Daí temos: $ID = IH + HD \Rightarrow$

$$ID = \frac{1}{2} + \frac{\sqrt{5}}{2} \Rightarrow \qquad ID = \frac{1+\sqrt{5}}{2} = 1{,}6180$$

Logo: $ED = ID - IE \Rightarrow \qquad ED = \frac{1+\sqrt{5}}{2} - 1 \Rightarrow \qquad ED = 0{,}6180$

Assim podemos verificar que o segmento *ID* ficou dividido em média e extrema razão pelo ponto *E*, formando também o retângulo áureo[39] *IBCD*.

[39] Existe também a *elipse áurea*, que é aquela em que a razão do eixo maior para o menor é *Phi*. Como o retângulo áureo mostrou-se ser uma elipse com proporções mais satisfatórias que as outras.

- Método para obter geometricamente o retângulo áureo

1- Primeiro devemos construir um quadrado, depois através de um segmento unir os pontos médios da base e do lado oposto.

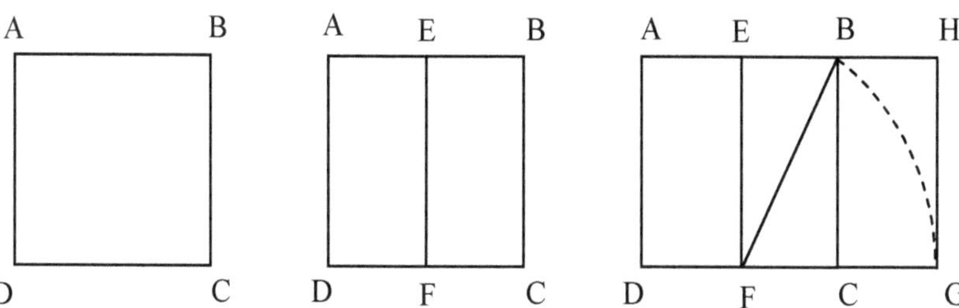

Em seguida usando a diagonal *FB* do retângulo *EBCF* como raio, traça-se um arco que interceptará o prolongamento de *DC* em *G*. Em *G* ergue-se uma perpendicular que interceptará o prolongamento de *AB* em *H*. O novo retângulo *AHGD* é um retângulo áureo e será valida a relação $\frac{DG}{GH} = \phi$.

$$DF = FC = \frac{DC}{2} \qquad BC = DC = GH$$

$$FB = DG = \sqrt{\frac{DC^2}{4} + DC^2} \Rightarrow \qquad DG = DC.\left(\frac{1+\sqrt{5}}{2}\right)$$

$$\frac{DG}{GH} = \frac{DC.\left(\frac{1+\sqrt{5}}{2}\right)}{DC} \Rightarrow \qquad \underline{\underline{\frac{DG}{GH} = \frac{1+\sqrt{5}}{2} = \phi}}$$

- Método de Euclides

Seja o quadrado $ABCD$ a seguir, de lado igual a um, marcamos o ponto I, tal que $IC = ID = \frac{1}{2}$, com centro em I, traçamos o arco até interceptar o prolongamento de CD no ponto E, assim $AI = EI$ e montamos o quadrado $DEFG$, assim:

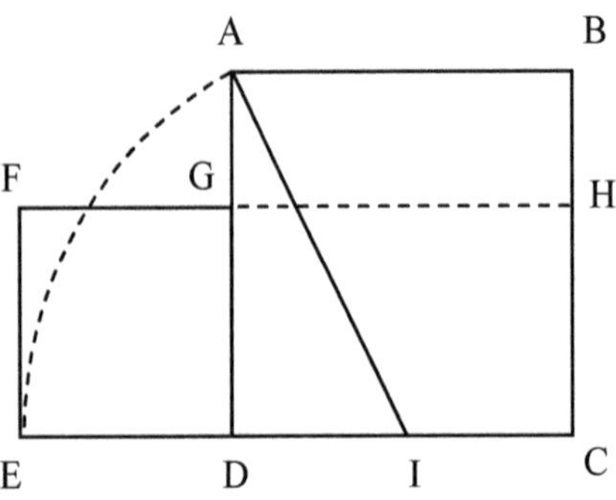

$$AI^2 = AD^2 + DI^2 \Rightarrow$$

$$AI^2 = 1^2 + (\frac{1}{2})^2 \Rightarrow AI = \frac{\sqrt{5}}{2}$$

$$ED = EI - DI$$

Mas $EI = AI \Rightarrow \quad ED = AI - DI \Rightarrow$

$$ED = \frac{\sqrt{5}}{2} - \frac{1}{2} \Rightarrow$$

$$ED = \frac{\sqrt{5} - 1}{2} \Rightarrow ED = 0{,}6180$$

Logo o ponto D divide o segmento EC em média e extrema razão.

- Obtenção do segmento áureo no círculo

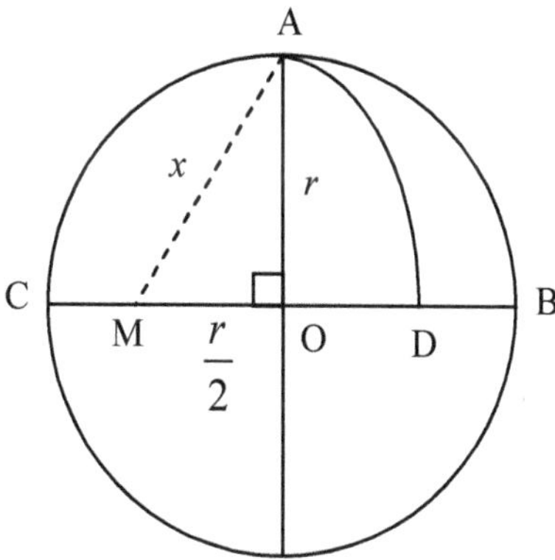

Seja o círculo de raio $r = 1$, e ponto médio M de OC, ou $OM = \frac{r}{2}$.

O triângulo AOM é retângulo então:

$$x^2 = \left(\frac{r}{2}\right)^2 + r^2 \Rightarrow \qquad x = r.\frac{\sqrt{5}}{2}$$

Então o segmento OD será:

$$OD = r.\frac{\sqrt{5}}{2} - \frac{r}{2} \Rightarrow \qquad OD = r.\left(\frac{\sqrt{5}-1}{2}\right)$$

Mas $r = 1$ logo: $\underline{\underline{OD = \frac{\sqrt{5}-1}{2}}}$

Assim podemos verificar que o segmento CD ficou dividido em média e extrema razão pelo ponto O.

- Obtenção do segmento áureo no decágono

Seja o círculo de raio $r = 1$, centro C com um decágono inscrito, assim temos o ângulo central igual a $36°$, traçando a bissetriz BD do ângulo B temos então dois triângulos ABC e ABD que são semelhantes pelo critério AAA. Como ambos os triângulos são isósceles, temos $\mathrm{AB} = \mathrm{BD} = \mathrm{CD}$, logo $CD = l_{10}$.

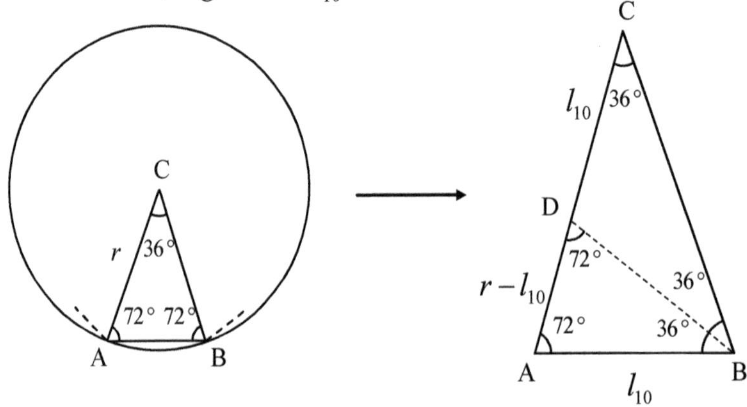

Dos triângulos ABC e ABD temos:

$$\frac{r - l_{10}}{l_{10}} = \frac{l_{10}}{r} \Rightarrow l_{10}^2 = r.(r - l_{10}) \Rightarrow l_{10}^2 + r.l_{10} - r^2 = 0$$

Aqui temos então uma equação do segundo grau em l_{10}.

$$l_{10} = \frac{-r \pm \sqrt{r^2 + 4.r^2}}{2} \Rightarrow l_{10} = \frac{-r \pm \sqrt{5.r^2}}{2} \Rightarrow l_{10} = \frac{-r \pm r.\sqrt{5}}{2}$$

$$l_{10} = -r.\left(\frac{1 \pm \sqrt{5}}{2}\right)$$

Por conveniência despreza-se a solução negativa, então o termo entre parênteses deve ser negativo para obtermos a raiz positiva, assim:

$l_{10} = -r.\left(\frac{1-\sqrt{5}}{2}\right)$ logo: $l_{10} = r.\frac{\sqrt{5}-1}{2}$

Ao se comparar a Proporção Áurea $\frac{(a-b)}{b} = \frac{b}{a}$ com a proporção $\frac{r-l_{10}}{l_{10}} = \frac{l_{10}}{r}$, vemos que não só são semelhantes em termos algébricos, mas obedecem à mesma lei de formação *"o termo menor está para o termo maior, assim como o termo maior está para o todo"*, então concluímos que o lado do decágono l_{10} é o *segmento áureo do raio.* Também verificamos que a bissetriz do ângulo B intercepta AC em D, de modo que D é a divisão áurea de AC. Para o círculo com raio unitário $(r = 1)$ temos:

$$l_{10} = \frac{\sqrt{5}-1}{2} \Rightarrow 0{,}61803...$$

- Obtenção do segmento áureo no pentágono

- Cálculo do lado do pentágono (l_5)

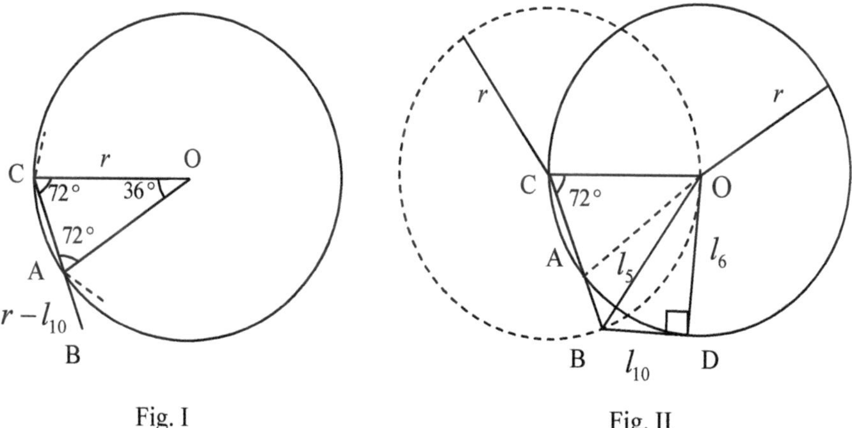

Fig. I

Fig. II

Na figura I, temos a reta $CB = r$, onde $CA = l_{10}$ e $AB = r - l_{10}$. Na figura II temos o mesmo círculo de centro O e o círculo de centro C também de raio r, sendo $BO = l_5$, pois o ângulo $BCO = 72°$, teremos $OD = r = l_6$, BD é tangente ao círculo de centro O em D, l_5 é a hipotenusa do triângulo retângulo BDO, l_6 o cateto maior, então o outro cateto será l_{10} (mostrado a seguir).

A potência de B em relação à circunferência com centro C é dado por:

$$BD^2 = AB.AC \Rightarrow \qquad BD^2 = (r - l_{10}).l_{10} \Rightarrow$$

Mas como já vimos (exercício anterior) $(r - l_{10}).l_{10} = (l_{10})^2$

Então: $BD^2 = (l_{10})^2$ Logo: $\underline{\underline{BD = l_{10}}}$.

Assim concluímos que: *Se num triângulo retângulo os catetos são l_6 e l_{10} a hipotenusa será l_5.* Do triângulo OBD temos:

$$OB^2 = BD^2 + OD^2 \text{ ou } l_5^2 = l_{10}^2 + l_6^2$$

$$l_5^2 = (\frac{\sqrt{5} - 1}{2}.r)^2 + r^2 \Rightarrow \qquad l_5^2 = (\frac{\sqrt{5} - 1}{2})^2.r^2 + r^2 \Rightarrow$$

$$l_5^2 = (\frac{5 - 2.\sqrt{5} + 1}{4}).r^2 + r^2 \Rightarrow \qquad l_5^2 = r^2.(\frac{5 - 2.\sqrt{5} + 1}{4} + 1) \Rightarrow$$

$$l_5^2 = \frac{r^2}{4}.(10 - 2.\sqrt{5}) \Rightarrow \qquad \text{Logo:} \qquad \underline{\underline{l_5 = \frac{r.\sqrt{10 - 2.\sqrt{5}}}{2}}}$$

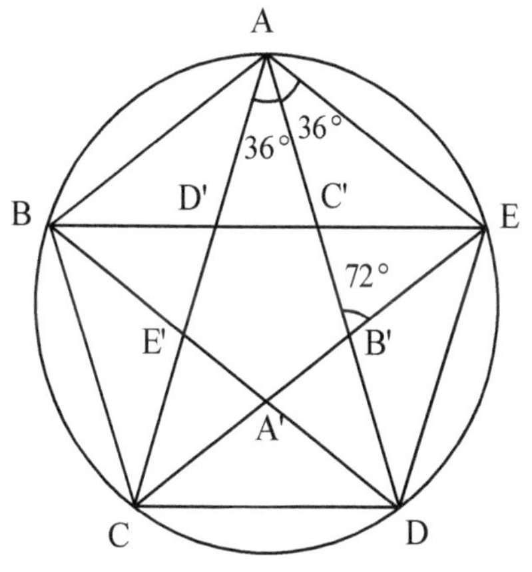

No pentágono ao lado temos cinco diagonais que formam vários triângulos isósceles semelhantes e vários iguais. Façamos a relação entre dois deles.

$$\Delta AB'E \approx \Delta ACD$$

$$\frac{B'E}{CD} = \frac{AB'}{AC}$$

Mas, $CD = CB'$, $AC = CE$, $AB' = CB'$, $AC = CE = CB' + B'E$

$$\frac{B'E}{CB'} = \frac{CB'}{CB' + B'E}$$

Logo: $(CB')^2 = B'E.(CB' + B'E)$ ou $\underline{\underline{CB' = \sqrt{B'E.(CB' + B'E)}}}$

Os pitagóricos certamente ficaram maravilhados ao perceberem que dentro do pentágono, este número também estava presente. Vemos que os vértices do pentágono menor dividem as diagonais do pentágono maior numa razão notável ou na *secção áurea* ou que a diagonal foi dividida em *média e extrema razão.* Note o leitor que ao traçar as diagonais do pentágono $ABCDE$ obtém-se um novo pentágono $A'B'C'D'E'$ que, por sua vez, possui as mesmas propriedades do primeiro. Se repetirmos o processo, obteremos outra estrela e dentro dela, outro pentágono com as mesmas proporções, dessa maneira poder-se-ia repetir esse processo infinitas vezes, gerando um processo conhecido por *auto-propagação.* O mais interessante é que todas essas diagonais organizam-se segundo a Proporção Áurea.

- Cálculo do apótema do pentágono (a_5)

Sabemos que $a_n = \frac{\sqrt{4.r^2 - l_n^2}}{2}$, e que $l_5 = \frac{r.\sqrt{10 - 2.\sqrt{5}}}{2}$, então, para $r = 1$, temos para o pentágono:

$$a_5 = \frac{\sqrt{4.1^2 - \left(\frac{\sqrt{10 - 2\sqrt{5}}}{2}\right)^2}}{2} \Rightarrow \qquad a_5 = \frac{\sqrt{4 - (\frac{10 - 2\sqrt{5}}{4})}}{2} \Rightarrow$$

$$a_5 = \frac{\sqrt{\frac{1 + 5 + 2\sqrt{5}}{4}}}{2} \Rightarrow a_5 = \frac{\sqrt{(1 + \sqrt{5})^2}}{4} \qquad \text{Logo:} \qquad a_5 = \frac{1 + \sqrt{5}}{4}$$

Na figura a seguir temos:
Diâmetro do círculo $CF = D_C = 2$ Raio do círculo: $OC = 1$

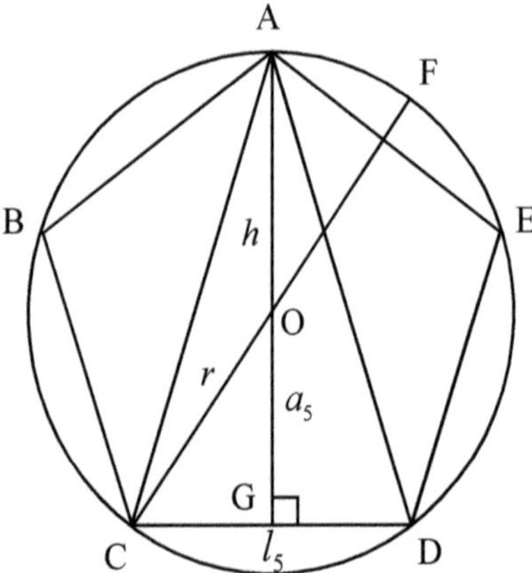

Apótema: a_5

Altura do pentágono: $h = r + a_5$

Lado do pentágono: l_5

Diagonal do pentágono: $D_P = AC = AD$

Diâmetro do círculo: $D_C = CF$

Do triângulo AGD temos:

$$D_P^2 = h^2 + (\frac{l_5}{2})^2 \Rightarrow \quad D_p^2 = \left(1 + \frac{1+\sqrt{5}}{4}\right)^2 + \frac{\left(\frac{\sqrt{10-2.\sqrt{5}}}{2}\right)^2}{4} \Rightarrow$$

$$D_P^2 = \left(\frac{5+\sqrt{5}}{4}\right)^2 + \frac{\left(\sqrt{10-2.\sqrt{5}}\right)^2}{16} \Rightarrow$$

$$D_P^2 = \frac{25+10.\sqrt{5}+5}{16} + \frac{10-2.\sqrt{5}}{16} \Rightarrow$$

$$D_p^2 = \frac{40+8.\sqrt{5}}{16} \Rightarrow \qquad D_P^2 = \frac{5+\sqrt{5}}{2} \Rightarrow$$

$$D_p^2 = 2.(\frac{5+\sqrt{5}}{4}) \Rightarrow \qquad D_P^2 = 2.(\frac{1+\sqrt{5}}{4} + 1) \Rightarrow$$

Mas, $2 = D_C$, $\quad \frac{1+\sqrt{5}}{4} = a_5 \quad$ e $\quad 1 = r$

Assim: $\quad D_P^2 = D_C.(a_5 + r)$

Mas, $\quad a_5 + r = h \quad$ Então: $D_P.D_P = D_C.h \Rightarrow \quad \frac{D_P}{h} = \frac{D_C}{D_P}$

Ou ainda[40] $\quad D_P = \sqrt{D_C.h}$

[40] Da relação $h = r + a_5$, se fizermos $r = 1$, teremos $h = 1 + \frac{1+\sqrt{5}}{4} = 1{,}8090$, e $D_P = 1{,}9$, assim obtemos a relação $\frac{h}{D_P} = \frac{1{,}8}{1{,}9} = \frac{18}{19}$, que faz parte do grupo de relações usadas para definir o semitom na Música, assim como é a relação que determina o ano lunar e solar.

A diagonal do pentágono está para sua altura assim como o diâmetro do círculo que o circunscreve está para a diagonal do pentágono, ou *A diagonal do pentágono é a média geométrica entre o diâmetro do círculo que o circunscreve e sua altura.*

- Método para obter geometricamente a espiral áurea ou a spira mirabilis

Os quadrados que podem ser desenhados no interior do retângulo áureo é que vão determinar o padrão da espiral áurea. Então pela figura a seguir temos: seja DH o segmento áureo do segmento DC, desenha-se então o retângulo áureo $ABCD$, ergue-se uma perpendicular em H que vai interceptar AB em E onde $DH = HE$ então traçamos o arco DE com centro H. Fazendo $EF = EB$ ergue-se uma perpendicular em F que vai interceptar BC em G, traçamos o arco EG com centro F. Repete-se o processo quantas vezes quiser e os arcos descritos anteriormente formarão uma curva logarítmica conhecida como *espiral logarítmica, espiral áurea* ou ainda *espiral equiangular*[41], pois corta todos os raios vetores sob o mesmo ângulo. É uma curva gerada por dois movimentos, enquanto o raio vetor gira em torno de um polo em progressão aritmética, numa sucessão de ângulos iguais, um ponto o percorre em progressão geométrica descrevendo a curva.

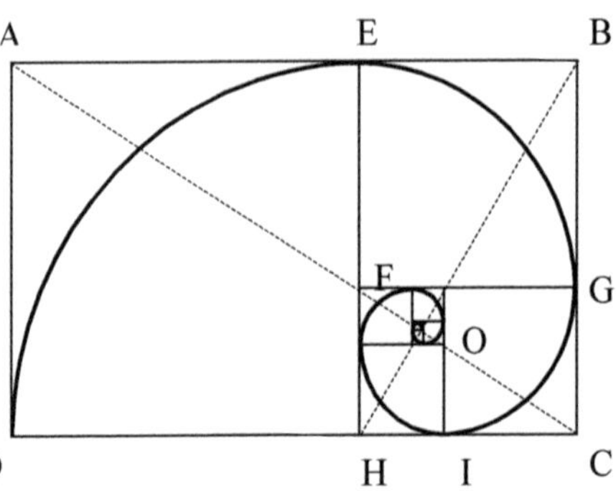

Como o retângulo tem a proporção áurea, esta espiral será semelhante a ela própria, ou seja, se a ampliarmos obteremos o mesmo desenho.

---

[41] Este nome foi dado em 1638 pelo filósofo e matemático francês René Descartes (1596 - 1650), pelo fato do raio vetor sempre formar o mesmo ângulo com a curva.

Algumas características interessantes desta espiral:

1- As diagonais AC e BH são perpendiculares entre si.

2- Os pontos AOC, GOD, EO..., onde O é o centro da espiral, são colineares.

3- Os quatro ângulos retos com origem em O, tem como bissetrizes os segmento EI e DG.

4- São válidas as relações: $\frac{AO}{OB}=\frac{OB}{OC}=\frac{OC}{OH}=\ldots$, pois existem um número infinito de triângulos semelhantes, cada um igual a metade de um retângulo áureo.

A espiral é o lugar geométrico no plano formado pelo deslocamento de um ponto que se move uniformemente ao longo de um raio (o raio vetor), partindo do centro, enquanto o raio por sua vez, gira uniformemente em torno de um centro (a origem). Quando o raio vetor cresce em progressão aritmética, a espiral formada é denominada espiral logarítmica e sua fórmula é dada por $r = a.e^{b.\theta}$, onde r é a distância a partir da origem, θ é o ângulo formado pelo raio vetor e o eixo das abscissas, $e = 2{,}7182$, a e b são constantes arbitrárias. Provavelmente a propriedade mais importante desta curva é o fato de, se aumentarmos ângulo θ, o raio vetor aumentará proporcionalmente. Outra propriedade é que o raio vetor, em qualquer ponto, sempre forma o mesmo ângulo com a curva, e esta conserva sua forma independente de seu tamanho, daí também ser conhecida como *espiral equiangular*.

O centro O da espiral (figura anterior) é chamado de polo da espiral e sua equação genérica é $r = a.e^{\theta.\cot\alpha}$, onde θ é o ângulo entre o raio vetor e o eixo das abscissas e α o ângulo entre o raio vetor e a tangente à curva. Isto mostra a sua ligação com a espiral logarítmica.

Não é comum um filho herdar de seu pai ou de sua mãe uma habilidade específica, por exemplo, nos esportes, raras são as exceções. No campo intelectual, esta hereditariedade é ainda mais difícil. Mais estranho ainda seria encontrar uma dinastia de sábios que conseguisse se destacar na história da Ciência, mas esta estranha situação, por incrível que possa parecer, aconteceu com a família suíça de sobrenome Bernoulli. Foram três gerações de sábios e entre eles o matemático Jacques Bernoulli que estudou a espiral áurea e a Proporção Áurea. Jacques ficou tão admirado com a beleza e as propriedades da *espiral logarítmica* que escreveu um tratado com o nome de *Spira Mirabilis* ou *Espiral Maravilhosa.*

- Crescimento do raio da espiral área

Ao retângulo da figura a seguir, cujos lados são x e $g.x$ é dado o nome de *retângulo de ouro,* pois ao montar um quadrado de lado x, o retângulo restante terá a mesma forma que o primeiro, o processo poderá ser repetido infinitas vezes, resultando numa sequência infinita de pequenos retângulos de ouro.

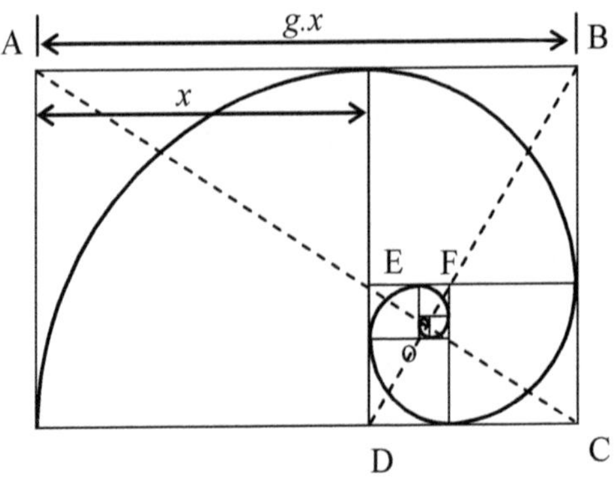

Entre o retângulo maior e o primeiro menor podemos montar a relação $\frac{x}{g.x} = \frac{g.x - x}{x} \Rightarrow \frac{1}{g} = g - 1$, esta relação se repetirá entre os outros retângulos menores. As diagonais AC e BD são perpendiculares entre si e interceptam-se no ponto O, os pontos A, B, C, D, E e F determinam uma curva que é conhecida como *espiral logarítmica* ou *espiral áurea* com início, centro ou polo da espiral em O. Os triângulos ABC e AOB são semelhantes, então é valida a relação $\frac{AO}{OB} = \frac{g.x}{x} \Rightarrow \frac{AO}{OB} = g$. Essa relação também ocorre com os infinitos triângulos menores, em outras palavras podemos dizer que os raios da espiral áurea têm crescimento geométrico igual a 1,6180.

- A espiral retangular

Da mesma forma que a espiral logarítmica, através dos quadrados desenhados dentro do retângulo de ouro, podemos construir a *espiral retangular*. Neste caso começaremos com o lado maior do retângulo $AB = 1$ ou ϕ^0 e seu lado menor $BC = \frac{1}{\phi}$ que chamaremos de ϕ', que nada mais é que o módulo da raiz negativa da equação $x^2 - x - 1 = 0$. O processo de obtenção dessa nova espiral é o mesmo já descrito no item anterior, só que neste caso, como mostra a figura a seguir, usaremos os lados dos novos retângulos formados, destacados em negrito.

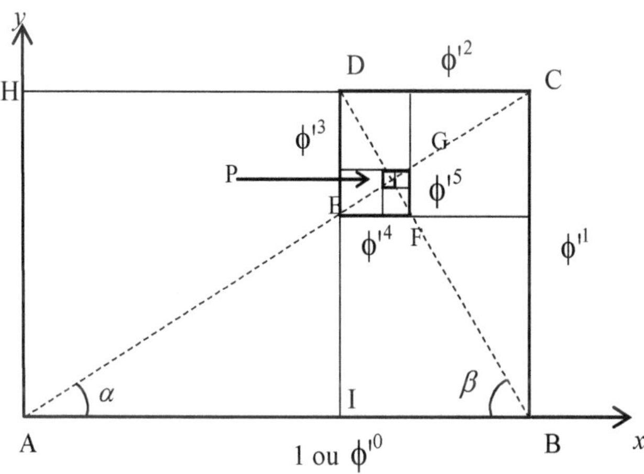

Sendo $AB = 1$, de imediato temos que $BC = \phi'^{1}$, e para que a proporção continue devemos ter:

$$\frac{DC}{1/\phi} = \frac{1/\phi}{DC + 1/\phi} \Rightarrow \quad \phi.DC^2 + DC - \frac{1}{\phi} = 0$$

Cujas raízes são: $DC = \frac{-1 \pm \sqrt{5}}{2} \cdot \frac{1}{\phi}$

Pegando apenas a raiz positiva obtemos: $DC = \frac{1}{\phi^2} = \phi'^2$

Este processo pode ser repetido infinitas vezes para os outros lados dos retângulos obtendo como resultados $DE = \phi'^3$, $EF = \phi'^4$, $FG = \phi'^5$ ... e assim por diante. O ponto P para onde converge a espiral é chamado polo, exatamente na intersecção dos segmentos AC e BD.

Utilizando-se da Geometria Analítica vamos verificar algumas curiosidades. Considerando o segmento AB como sendo o eixo x e AH como sendo o eixo y, no sistema de coordenadas cartesianas, obtemos as seguintes abscissas e ordenadas:

$A(0,0)$, $B(1,0)$, $C(1, \frac{1}{\phi})$, $D(1 - \frac{1}{\phi'^2}, \frac{1}{\phi})$ e para o polo $P(x, y)$.

Assim detalhados, calculemos os valores dos ângulos α e β.

Do triângulo retângulo ABC.

$$\tan \alpha = \frac{1}{\phi} \text{ logo } \alpha = arctan \Rightarrow 0{,}618033 \quad \alpha = 31{,}71°$$

Do triângulo retângulo BDI.

$$\tan \beta = \frac{1/\phi}{1/\phi^2} \Rightarrow tan \beta = \phi \text{ logo } \beta = arctan \Rightarrow 1{,}618033 \quad \beta = 58{,}29°$$

Como $\alpha + \beta = 90°$ os segmentos AC e BD *são perpendiculares entre si.*

- Cálculo da equação do segmento de reta AC

$$\tan\alpha = \frac{\frac{1}{\phi} - y}{1 - x} \Rightarrow \qquad \frac{1}{\phi} = \frac{\frac{1}{\phi} - y}{1 - x} \Rightarrow \qquad \underline{\underline{y = \frac{1}{\phi}.x}}$$

$$\tan(180° - \beta) = \frac{\frac{1}{\phi} - y}{\left(1 - \frac{1}{\phi^2}\right) - x} \Rightarrow$$

$$-\phi + \frac{1}{\phi} + \phi.x = \frac{1}{\phi} - y \Rightarrow \qquad \underline{\underline{y = -\phi.x + \phi}} \quad \text{II}$$

Cálculo das coordenadas de P

Igualando-se I e II obtemos: $x = \dfrac{\phi^2}{1 + \phi^2}$ e $y = \dfrac{\phi}{1 + \phi^2}$

Dos triângulos *APB* e *CPD* tiramos:

$$\frac{AP}{PC} = \frac{AB}{CD} \Rightarrow \frac{AP}{CD} = \frac{1}{1/\phi^2} \Rightarrow \qquad \underline{\underline{\frac{AP}{CD} = \phi^2}}$$

- Cálculo do comprimento total da espiral retangular

Pela figura é fácil verificar que seu comprimento *C* será dado por:

$$C = AB + BC + CD + DE + \ldots$$

$$C = \frac{1}{\phi^0} + \frac{1}{\phi^1} + \frac{1}{\phi^2} + \frac{1}{\phi^3} + \ldots + \frac{1}{\phi^n} + \ldots + \frac{1}{\phi^{n+1}} + \frac{1}{\phi^{n+2}} + \ldots$$

Esta sequência nada mais é que uma progressão geométrica cujo somatório dos n termos é dado por $S_n = \frac{a_1 - a_1.r^n}{1-r}$ com $r \neq 1$, onde o primeiro termo é $a_1 = \frac{1}{\phi^1}$ e a razão $r = \frac{1}{\phi}$.

$$C = S_n = \frac{\frac{1}{\phi} - \frac{1}{\phi}.\frac{1}{\phi^n}}{1 - \frac{1}{\phi}} \Rightarrow$$

$$C = \frac{1}{\phi}.\phi^2 \Rightarrow \quad C = \phi$$

Assim o tamanho da espiral de A até P resume-se a ϕ.

- A espiral e o triângulo áureo

Existe também o triângulo áureo, é um triângulo isósceles cujos ângulos da base são $72°$ (figura a seguir), e, é claro, o ângulo do vértice superior é igual a $36°$. Como foi visto no capítulo *A divina proporção - Obtenção do segmento áureo no decágono,* a bissetriz do ângulo *B* intercepta o lado *AC* em *D,* dividindo o lado *AC* em dois segmentos *AD* e *DC* onde *AD* é o segmento áureo. O novo triângulo *BDC* é também um triângulo isósceles semelhante ao primeiro. Se em *C* o processo for repetido, obtemos um novo triângulo *CDE* com as mesmas características dos triângulos anteriores. Este processo poderá ser repetido infinitas vezes e seu centro irá convergir para o ponto *O,* e a razão das áreas desses triângulos será ϕ. A espiral que passa por todos os vértices *A, B, C, D, E...,* de todos os triângulos, é uma *espiral logarítmica,* e se atribuirmos o valor unitário ao comprimento do segmento *HG,* teremos:

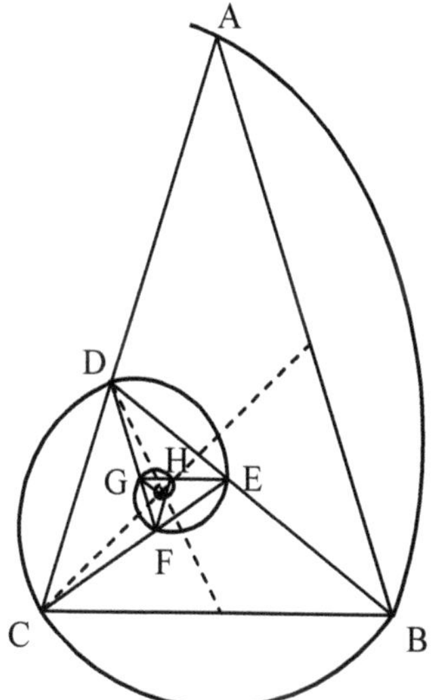

1 x
G E
H

$$\frac{1}{x} = \frac{x}{1+x} \Rightarrow$$

$$x^2 = 1 + x \Rightarrow$$

$$x^2 - x - 1 = 0,$$

Desprezando-se a raiz negativa, obtemos como solução:

$$x = \frac{1+\sqrt{1+4}}{2} \Rightarrow \qquad x = \frac{1+\sqrt{5}}{2}$$

Como $GH = 1$ logo $GF = 1.\phi$ Daí tiramos que $GE = FE = \phi + 1$ De forma que podemos chegar a:

$$GF = 1.\phi$$

$$FE = 1.\phi + 1$$

$$ED = 2.\phi + 1$$

$$DC = 3.\phi + 2$$

$$CB = 5.\phi + 3$$

$$BA = 8.\phi + 5$$

- O pentagrama

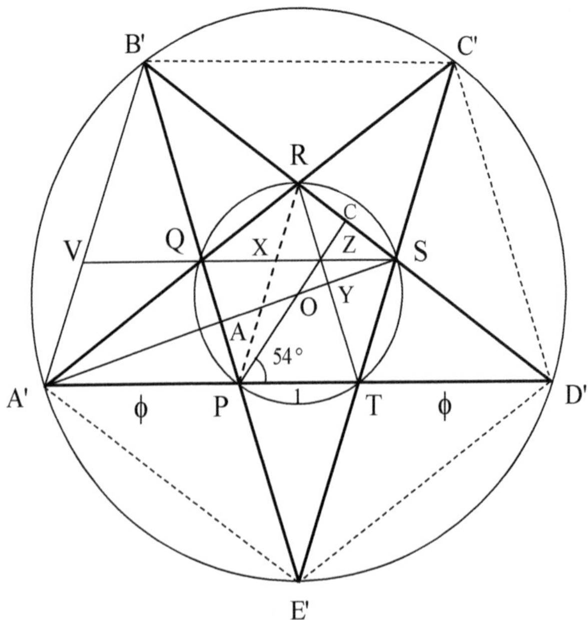

O pentagrama é a figura geométrica onde podemos encontrar a maior quantidade de razões áureas. Não é por acaso que ela foi a escolhida como símbolo dos pitagóricos. Da figura anterior podemos, com facilidade, encontrar várias propriedades, a saber. Sejam *R* e *r* os raios dos círculos maior e menor respectivamente, com centro comum *O*, onde o pentágono *A′, B′, C′, D′, E′* está inscrito no círculo maior, e o pentágono *P, Q, R, S, T* com lado igual a 1, está inscrito no círculo menor.

- Sendo $PT = 1$, de imediato tiramos que $A'P = TD' = \phi$.

- Os triângulos *OAP* e *PCD′* são semelhantes e $OP = r$, daí vem que:

$$\frac{OA}{OP} = \frac{CD'}{PD'} \Rightarrow \frac{OA}{r} = \frac{\phi + \frac{1}{2}}{\phi + 1} \Rightarrow \frac{OA}{r} = \frac{2.\phi + 1}{2.(\phi + 1)} \Rightarrow \frac{OA}{r} = \frac{\phi^3}{2.\phi^2} \Rightarrow \frac{OA}{r} = \frac{\phi}{2}$$

- Os triângulos $OA'P$ e OZS são semelhantes, como $QS = \phi$ logo $ZS = \frac{1}{\phi}$, daí vem que:

$$\frac{OA'}{A'P} = \frac{OS}{ZS} \Rightarrow \qquad \frac{OA'}{\phi} = \frac{r}{1/\phi} \Rightarrow \qquad \frac{OA'}{r} = \phi^2$$

- De imediato temos que: $\frac{OA'}{OA} = 2.\phi$

- A diagonal QS tem comprimento igual à ϕ.

- Sendo X o ponto de intersecção entre duas diagonais então:

$$\frac{SX}{XQ} = \frac{PX}{XR} = \frac{B'X}{XT} = \phi$$

- Prolongando SQ, este vai interceptar $A'B'$ em V e, como VQS é paralelo à $A'D'$, temos:

$$\frac{B'V}{VA'} = \frac{B'Q}{QP} = \frac{B'S}{SD'} = \phi$$

- Todos os seis segmentos $A'D'$, $A'T$, $A'P$, PT, RX e XZ estão em progressão geométrica. Vejamos, da figura temos que:

$A'D' = 2.\phi + 1$ como $2.\phi + 1 = \phi^3$ logo $A'D' = \phi^3$

$A'T = \phi + 1$ como $\phi + 1 = \phi^2$ logo $A'T = \phi^2$

$A'P = \phi$

$PT = 1$

$PQ = PX = 1$, sabemos que $\frac{PX}{RX} = \phi \Rightarrow RX = \frac{PX}{\phi} \Rightarrow RX = \phi^{-1}$

- Os triângulos *PRT* e *XRZ* são semelhantes, pois *PT* é paralelo a *XZ*, logo:

$$\frac{XZ}{PT} = \frac{RX}{RP} \Rightarrow$$

$$\frac{XZ}{1} = \frac{\phi^{-1}}{1+\phi^{-1}} \Rightarrow$$

$$XZ = \phi^{-2}$$

- O pentágono *A′*, *B′*, *C′*, *D′*, *E′* possui lados cada qual com comprimento igual a ϕ^2.

- Os triângulos *A′B′Q* e *PQR* são opostos pelo vértice e *A′B′* e *PR* são paralelos, logo eles são semelhantes. Assim:

$$\frac{A'B'}{PR} = \frac{A'Q}{PQ} \Rightarrow$$

$$\frac{A'B'}{1+\frac{1}{\phi}} = \frac{\phi}{1} \Rightarrow$$

$$A'B' = \phi^2$$

- A relação entre os raios dos círculos é dada por: $\frac{R}{r} = \phi^2$

- Na figura a seguir, dobrando o triângulo *A′PQ* na linha *PQ*, e repetindo o processo para os outros triângulos correspondentes do pentagrama de modo que os pontos *A′*, *B′*, *C′*, *D′* e *E′* se encontrem em *H*, obtemos uma pirâmide de altura *OH*. Daí tiramos que:

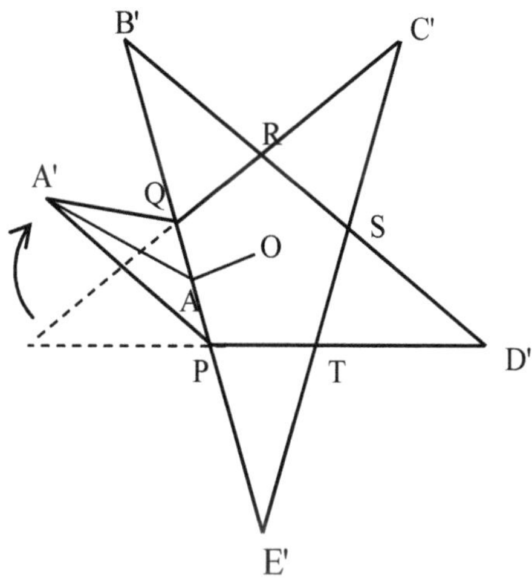

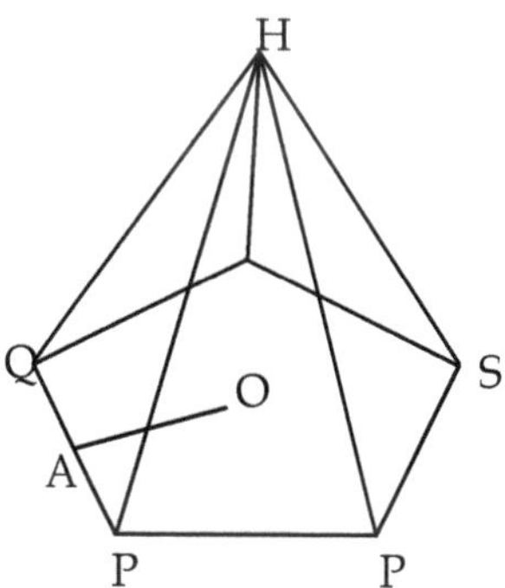

$$\frac{OH}{OA} = 2 \qquad \text{e} \qquad \frac{OH}{r} = \phi$$

O que é Simetria?

O homem tem demonstrado ao longo da história que, mesmo sem conhecer Matemática de forma acadêmica, conseguiu ser criativo, pois confeccionou belos objetos e realizou verdadeiras obras de arte. Isso acontece porque na realidade, todos nós possuímos um sentido geométrico primitivo, um sentido inato das formas geométricas. Não faltam exemplos do uso desse sentido geométrico nas artes antigas, quando não havia domínio do conhecimento matemático. Entre eles posso destacar a produção artística indígena, que além do uso de formas geométricas utiliza outro conceito fundamental: a *simetria*. É fácil encontrar este tipo de artesanato com traços idênticos em povos de vários lugares do mundo e em várias épocas.

Exemplos de desenhos geométricos em artesanato indígena, onde a *simetria* é parte integrante da obra.

Simetria vem da palavra grega *symmetria* ou *justa proporção* ou *justas medidas*, em outras palavras, corresponde a partes situadas em lados opostos de uma linha, de um plano ou ainda distribuídas em volta de um centro, de forma a apresentar regularidade nessa distribuição. Podemos caracterizar a simetria como sendo um conceito científico, embora não desenvolvido pelo homem, mas uma imitação da Natureza para aplicação nas artes em geral. Existem vários tipos de simetria, a *simetria especular,* no caso, do espelho; *a simetria de rotação,* aquela que, rotacionando ou girando um objeto ele mantém sempre a mesma forma, a *simetria translação* onde a figura se repete em intervalos regulares.

Um exemplo bem simples para caracterizar esses conceitos seriam, no primeiro caso, nossa imagem em um espelho. Lembre-se você não está dentro do espelho, mas sim sua imagem e, neste caso, o espelho se comporta como um plano entre você e sua imagem, e ambos (você e sua imagem) tornam-se partes simétricas em relação ao espelho.

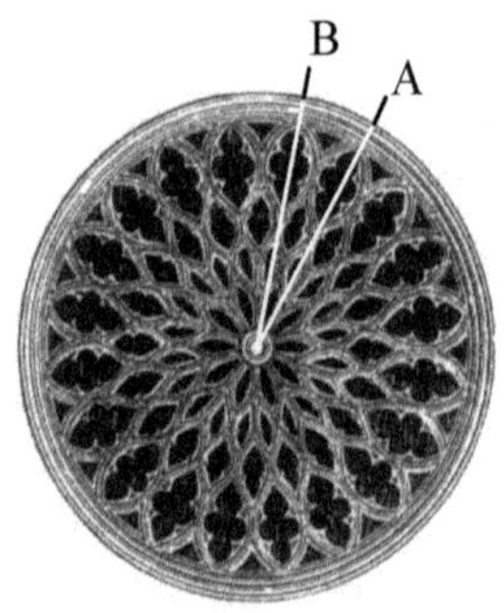

À esquerda um exemplo de simetria especular em relação a um eixo central; à direita simetria de rotação; se girar a figura da posição A para posição B, ela continuará a mesma.

Plano de simetria, linha de simetria, centro de simetria são conceitos fundamentais da própria simetria.

O plano de simetria é assim chamado pois divide a figura em duas partes iguais, como que espelhadas, uma reflexo da outra.

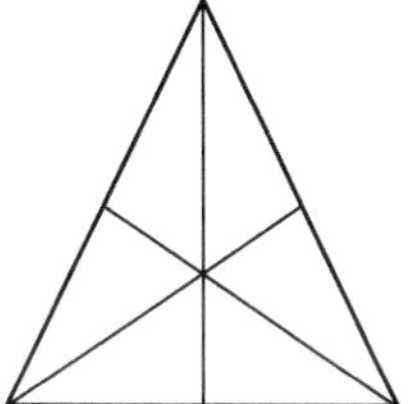
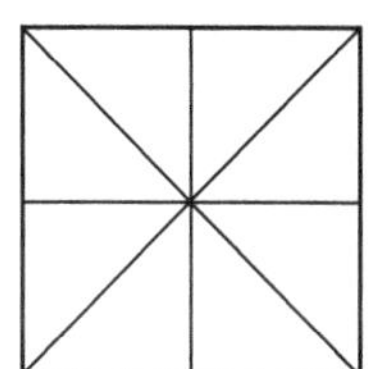
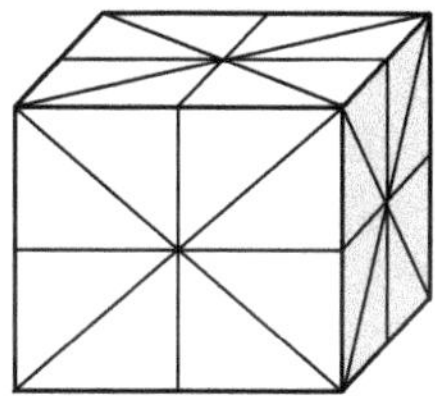

A linha de simetria pode ser classificada por um número, chamado *ordem*. Esta ordem nos diz de quantas maneiras a linha pode dividir a figura mantendo a simetria. No caso do triângulo equilátero, verificamos que a linha pode dividi-lo de três formas, logo sua ordem será 3; com o mesmo raciocínio, verificamos que o quadrado possui simetria de ordem 4; um paralelepípedo terá ordem 9 e um pentágono, ordem 5. No caso de um sólido de revolução, como um cone, sua ordem de simetria em relação ao eixo central será infinita.

O *centro de simetria* é um ponto tal, que a distâncias iguais desse ponto, sempre encontraremos outros pontos iguais da figura. Neste caso o melhor exemplo que cabe é a circunferência no plano e a esfera no espaço. Ambas, por serem naturalmente simétricas em relação a um centro, foram consideradas pelos pitagóricos como as mais perfeitas figuras geométricas.

Há muito tempo o homem busca a simetria em tudo aquilo que faz. Hoje ela é encontrada na Música, na Escultura, na Pintura, nas artes em geral. É uma ideia muito importante, um pré-requisito à beleza que, muitas vezes, chega até a se confundir com a própria beleza. Mas ela não é privilégio do homem, também está presente, e muito presente, na Natureza de uma forma geral. Na Química sua presença é comum na configuração geométrica de moléculas e nos cristais, ela é determinada pela sua formação atômica.

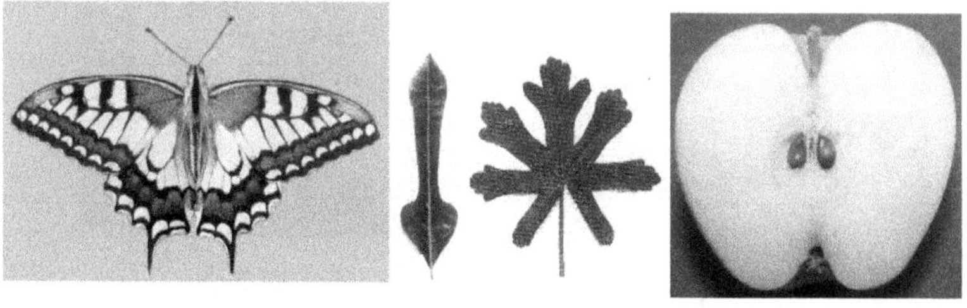

Exemplos de simetrias naturais. À esquerda a impressionante beleza de uma borboleta, ao centro duas folhas e à direita uma maçã em corte.

Na Matemática, através da multiplicação de números formados pelo algarismo 1, como mostra o quadro a seguir, obtemos resultados que são simétricos em relação à coluna central formada pelos resultados.

1	x	1	=	1
11	x	11	=	1 2 1
111	x	111	=	1 2 3 2 1
1111	x	1111	=	1 2 3 4 3 2 1
11111	x	11111	=	1 2 3 4 5 4 3 2 1
111111	x	111111	=	1 2 3 4 5 6 5 4 3 2 1
1111111	x	1111111	=	1 2 3 4 5 6 7 6 5 4 3 2 1

O *Casamento da virgem,* de Rafael, é um excelente exemplo do uso da Proporção Áurea e da simetria na pintura, não simetria no sentido de figuras iguais em relação a um eixo ou um plano, mas em relação ao quadrado que dá forma à Terra e ao círculo que dá forma ao céu.

Casamento da virgem de Rafael

A transfiguração de Rafael

Em *A transfiguração*, também de Rafael, percebe-se, de imediato, que a obra foi dividida em duas partes distintas conforme a Proporção Áurea. No nível inferior, o milagre do menino, e, no nível superior, a transfiguração. Cristo aparece flutuando em meio à uma luz intensa com os braços abertos representando uma cruz. Já na parte de baixo da figura, as mãos levantadas da multidão convergem para Cristo, a figura central. Ao traçar um eixo vertical pelo centro da tela verificamos a delicada simetria dos personagens.

Os padrões e as simetrias são encontrados com facilidade no mundo natural, em 1912, ao passar raios-x num cristal esférico, o físico Maz Von Laue, ficou impressionado com o resultado obtido em uma chapa. Apareceram pontos escuros, dispostos num arranjo simétrico, os quais, depois de unidos, formaram o seguinte desenho:

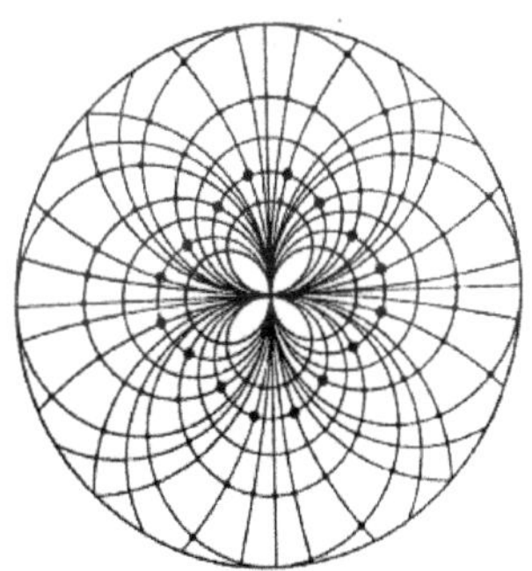

O que é Harmonia?

Existe algo maior, composto da combinação e da conexão de três coisas, número, limitação e arranjo, algo que ilumina acima toda a beleza. É a harmonia, que é indubitàvelmente, a fonte de algum encanto e beleza. Vê-se a atribuição e a finalidade da harmonia para arranjar partes, numa relação perfeita, de modo que se encontrem uma com outra criando a beleza... Abrange toda a vida humana, penetra através da Natureza das coisas. Entretanto tudo que é feito pela Natureza é medido pela lei da harmonia.

Alberti de Leone Battista [42]

Podemos começar este capítulo com a seguinte pergunta: o que há em comum numa escultura, num templo, numa pintura e numa poesia? É claro que além da beleza, a resposta é a *harmonia*, mas como podemos definir harmonia em atividades tão diferentes?

---

42 Nascido em Genova, Itália, em fevereiro de 1404, foi filósofo, arquiteto, músico, poeta, linguista, pintor e escultor, ao estilo do ideal renascentista. Morreu em Roma em 25 de abril de 1472.

Harmonia, segundo nosso dicionário, significa *disposição bem ordenada entre as partes de um todo, proporção, ordem, simetria.* Na Música, ela é definida como *consonância* ou *sucessão agradável de sons.* Na realidade, quando encontramos entre as partes de qualquer todo, uma combinação agradável, dizemos que nesse objeto há harmonia. Seja o todo um ser vivo, uma obra arquitetônica, uma obra de arte, etc.; se suas partes se complementam de maneira agradável e se os traços, as cores, as proporções combinam entre si também de maneira agradável, então, nesse todo, encontramos harmonia.

O homem sempre buscou cercar-se de coisas bonitas e, para tanto, procurou e procura, mesmo inconscientemente, utilizar-se da harmonia em tudo que fez e faz. Nos desenhos rupestres percebemos facilmente a busca da harmonia: num simples círculo onde quem desenhou buscou deixá-lo o mais redondo possível, no corpo de um animal onde procurou mostrá-lo da forma que mais o aproximasse do real ou o mais proporcional possível. Com estas atitudes, o homem nada mais estava fazendo que buscar a harmonia em seus desenhos.

Os gregos achavam que a harmonia era a base da beleza. Quando perceberam que existia uma relação entre a Natureza e a Matemática, ou seja, que seria possível compreender o mundo sem se apoiar somente numa hipótese divina, de que deveriam existir princípios, forças, leis naturais e que o mundo poderia ser compreensível, sem a necessidade de atribuir a queda de uma folha, os raios ou qualquer fenômeno natural à invenção de um deus: deveria existir uma explicação científica! Também perceberam que a harmonia da Natureza poderia ser reproduzida e utilizada a seu favor e não só naquilo que dizia respeito à beleza mas principalmente em favor da Ciência.

Pitágoras acreditava que uma harmonia Matemática permeava a Natureza. Foi ele quem primeiro usou o termo *cosmo* para determinar um Universo organizado e harmonioso, um mundo acessível ao entendimento humano. Ainda que devamos esta importante ideia a Pitágoras, havia profundas ironias e contradições em seu pensamento. Muitos gregos achavam que a harmonia do Universo era perceptível apenas através da observação e da experimentação, métodos que são usados atualmente pela Ciência moderna. Pitágoras, porem, tinha um método diferente, ele achava que as leis naturais podiam ser deduzidas pelo pensamento puro. Ele e seu grupo não eram experimentalistas, eram matemáticos e místicos assumidos. Eram fascinados pelos cinco sólidos regulares - corpos cujas faces são polígonos iguais a triângulos, quadrados ou pentágonos -. Os polígonos são infinitos, mas os sólidos regulares são apenas cinco. Quatro dos sólidos eram associados à terra, ao fogo, ao ar e à água. Segundo eles, esses quatro elementos formavam toda a matéria do Universo, e o quinto sólido, ou o dodecaedro, era associado misticamente ao cosmo, talvez representando a substância que formava o céu. Achavam que esse conhecimento era perigoso demais para vir a público, assim, para eles, as pessoas comuns deviam ignorar a existência do dodecaedro.

Já no Renascimento, os artistas e cientistas receberam a ideia pitagórica da harmonia do Universo e da secção áurea com grande entusiasmo. Naquele período a ideia de harmonia foi associada aos conceitos cristãos pois, de acordo com a doutrina cristã o Universo é criação de deus, logo o mundo estava sujeito ao seu domínio. Com a descoberta de que esse Universo podia ser compreendido através da Ciência, mais especificamente, através da Matemática, chegou-se à conclusão de que a criação foi guiada por princípios matemáticos e a harmonia, consequentemente, passou a ser procurada e entendida através de princípios matemáticos.

A opinião de que a Natureza foi criada segundo uma lógica Matemática - e que deus é o responsável pela criação da harmonia - foi expressa não somente por cientistas do Renascimento, mas também por artistas de uma forma geral. Esta ideia fica bem clara nas próprias palavras de Kepler.

> *A principal finalidade da pesquisa do mundo externo, deve ser descobrir a ordem e a harmonia racionais colocadas por deus no mundo e expressadas por ele usando a linguagem da Matemática.*

É fácil encontrar nos trabalhos de Leonardo da Vinci, Rafael, Michelangelo, Durer e tantos outros, a ideia de harmonia. Ela transformou-se num pré-requisito básico para toda a arte/ciência, um ideal de perfeição que nos acompanha até hoje.

A beleza e a harmonia tornaram-se, porque não dizer, entes imprescindíveis em qualquer atividade humana: é o artista procurando, na verdade, a harmonia e o cientista, na harmonia, a verdade.

Nosso cérebro não precisa calcular para vermos a harmonia das cores, nem somar as notas de uma melodia para que nosso ouvido perceba a harmonia de uma música, nossas mãos não precisam tatear para sentir a harmonia de uma escultura. Mesmo sendo abstrata, nós a percebemos, a entendemos, ao primeiro contato.

Mas, por que temos o dom de perceber a harmonia, ou a beleza, ao primeiro olhar? Acontece que essa harmonia, apesar de ser percebida, ou captada por nossos sentidos, não é criada pelos mesmos. A interação entre sons, cores, coisas, etc., na realidade, depois de ser captada, é processada e sentida por nossa alma, pois já nascemos com certo conceito de beleza e harmonia, primitivos, inerentes ao homem e portanto, como componente de nossas vidas. É lógico que os fenômenos naturais existem independentemente do homem, por exemplo, as cores de uma flor existem mesmo que o ser humano não esteja lá para ver, mas ao mesmo tempo, para este que não vê, ela não existe. Logo, a harmonia, é um ente primário, primitivo de nossa existência.

É por esse motivo que as pessoas, até mesmo as mais simples, sejam elas, analfabetas, pobres ou sem conhecimento técnico, podem, mesmo inconscientemente, reconhecer a harmonia, pois ela é inata e emerge da nossa própria percepção.

Poderíamos chamar essa noção primitiva de *harmonias perfeitas*, aquelas que somente nossa alma reconhece, verdadeiramente, ideias *platônicas,* e são essas ideias que nos proporcionam bem-estar, alegrias, saudades, assim como, outros sentimentos.

O problema de Fibonacci

O principal e talvez o melhor matemático do Período Medieval, nascido na cidade de Pisa, foi Leonardo de Pisa, 1175 – 1250, também conhecido como Leonardo Fibonacci; a explicação para esta duplicidade de nomes é fácil. Assim como o matemático e astrônomo do século XI, o árabe Omar Khayyam, cujo pai era vendedor de tendas, adotou o nome *al-Khayyam* que significa *filho do vendedor de tendas,* Leonardo de Pisa optou pelo nome *filius Bonacci* ou *filho de Bonacci* que mais tarde transformou-se em Fibonacci ou Leonardo Fibonacci. Inspirado por seu pai que era alfandegário fez diversas viagens ao Egito, Sicília, Grécia e Síria, onde conheceu a Matemática oriental e árabe. Conhecedor que era dos algarismos indo-arábicos, pela primeira vez um matemático cristão escreveu e publicou, em 1202, um trabalho, *Liber abaci*, ou *Livro do ábaco*, título que não condiz com o conteúdo da obra, pois trata de conceitos e problemas algébricos. Ele descreveu nos quinze primeiros capítulos o modo de tratamento que se deve dar aos nove algarismos indianos mais o *zephirum* ou zero; mostrou métodos de cálculos com frações comuns, sexagesimais e unitárias, mas não as decimais, discute sobre raízes de equações do segundo e terceiro graus e cálculo de raízes quadradas e cúbicas. Publicou em 1220 o trabalho *Practica Geometriae*, sobre Geometria e trigonometria e, em 1225, escreveu o *Liber quadratorum* sobre análise indeterminada. Entre os vários problemas existentes no *Liber Abaci*, o que mais despertou a atenção foi o seguinte:

Quantos pares de coelhos serão produzidos num ano, começando com um só par, se cada mês cada par gera um novo par que se torna produtivo a partir do segundo mês?

Vamos analisar com o carinho que os coelhos, ou melhor, o problema merece. Chamemos de P um par de coelhos e de P_1 os pares gerados por P, P_2 os gerados por P_1 e assim sucessivamente, então vamos montar uma tabela para seis meses, lembrando que: o primeiro par de coelhos, além de ser adulto, não entra em nosso resultado, mas esse primeiro par continuará gerando um par a cada mês; e o primeiro par gerado somente procriará um novo par no terceiro mês.

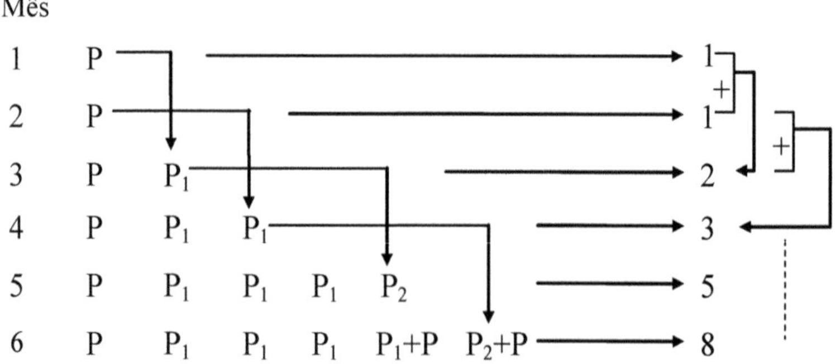

Note o leitor que existe uma particularidade nessa sequência, cada termo é formado pela soma dos dois termos anteriores, assim não precisamos continuar nossos cálculos até o mês doze. Sua generalização é dada por:

$$1,\ 1,\ 2,\ 3,\ 5,\ 8\ 13, 21, 34, 55,\ 89,\ 144,\ 233... \quad \ldots a_{n-2},\ a_{n-1},\ a_n$$

Onde $a_n = a_{n-2} + a_{n-1}$, com $n > 2$

Essa sequência de números ficou conhecida como *Sequência de Fibonacci, série de Fibonacci* ou ainda *Números de Fibonacci.* Agora, como bons matemáticos, além de curiosos que somos, vamos explorar e conhecer melhor esta sequência de números. Comecemos calculando seu somatório desde o primeiro até o n-ézimo termo ($\sum_{n}^{1} a_n$). Para tanto, raciocinemos de maneira simples. Sabemos que $a_3 = a_1 + a_2$ logo, $a_1 = a_3 - a_2$, assim:

$$\begin{aligned}
a_1 &= a_3 - a_2 \\
a_2 &= a_4 - a_3 \\
a_3 &= a_5 - a_4 \\
&\vdots \\
a_{n-1} &= a_{n+1} - a_n \\
a_n &= a_{n+2} - a_{n+1}
\end{aligned}$$

$$a_1 + a_2 + a_3 + \ldots + a_{n-1} + a_n = a_{n+2} - a_2$$

Mas, $a_2 = 1$, e $a_{n+2} = a_n + a_{n+1}$

Então: $\sum_{n}^{1} a_n = a_n + a_{n+1} - 1$

Mas, $a_{n+1} = a_n + a_{n-1}$

Logo $\sum_{n}^{1} a_n = a_n + a_n + a_{n-1} - 1 \Rightarrow$

E, finalmente, o somatório da sequência é dada por:

$$\underline{\underline{\sum_{n}^{1} a_n = 2.a_n + a_{n-1} - 1}}$$

Com relação à sequência de Fibonacci já sabemos sua lei de formação e seu somatório, calculemos então o valor de um termo qualquer elevado ao quadrado, termo este que chamaremos de n-ézimo, para tanto vamos montar nosso raciocínio conforme a tabela a seguir:

Número do termo		sequência			
1	$\Rightarrow$	1	$\Rightarrow$		
2	$\Rightarrow$	1	$\Rightarrow$	$1^2 = 1$	$1 \text{ x } 2 = 1^2 + (-1)^2$
3	$\Rightarrow$	2	$\Rightarrow$	$2^2 = 4$	$1 \text{ x } 3 = 2^2 + (-1)^3$
4	$\Rightarrow$	3	$\Rightarrow$	$3^2 = 9$	$2 \text{ x } 5 = 3^2 + (-1)^4$
5	$\Rightarrow$	5	$\Rightarrow$	$5^2 = 25$	$3 \text{ x } 8 = 5^2 + (-1)^5$
6	$\Rightarrow$	8	$\Rightarrow$	$8^2 = 64$	$5 \text{ x } 13 = 8^2 + (-1)^6$
7	$\Rightarrow$	13	$\Rightarrow$	$13^2 = 169$	$8 \text{ x } 21 = 13^2 + (-1)^7$
8	$\Rightarrow$	21	$\Rightarrow$	$21^2 = 441$	$a_7.a_9 = a_8^2 + (-1)^8$
9	$\Rightarrow$	a_9	$\Rightarrow$	$a_9^2 = a_9.a_9$	$a_8.a_{10} = a_9^2 + (-1)^9$
⋮		⋮		⋮	⋮
n	$\Rightarrow$	a_n	$\Rightarrow$	$a_n^2 = a_n.a_n$	$a_{n-1}.a_{n+1} = a_n^2 + (-1)^n$

Note o leitor que para obtermos o valor do termo da sequência ao quadrado, temos que somar 1, quando o número do termo é ímpar, e temos que subtrair 1, quando o número do termo é par, então $(-1)^n$ soluciona o nosso problema, assim podemos generalizar nossa dedução:

$a_n^2 = a_{n-1}.a_{n+1} - (-1)^n$ para $n > 2$

- Cálculo do termo geral da sequência de Fibonacci

Na relação entre dois termos consecutivos quaisquer da sequência de Fibonacci aparece uma curiosidade interessante e, para obter o valor desta relação de forma generalizada, precisamos, primeiro, conseguir a fórmula do termo geral. Para tanto vamos tratar a sequência de Fibonacci como uma função matemática, ou seja, busquemos uma regra ou lei de correspondência, na qual seja possível estabelecer uma expressão $f(n)$ que contenha a variável n tal, que, para cada número natural $\{1,2,3,4,5\ldots\}$ atribuído a n possamos obter a relação:

$$a_n = f(n)$$

Se conseguirmos tal proeza, a função f_n representará o n-ézimo termo da sequência ou o termo geral e de posse dessa ferramenta, conseguiremos o valor do quociente $\frac{a_n}{a_{n-1}}$. Vamos lá. Sabemos que $a_1 = 1$, $a_2 = 1$, $a_3 = 2$ e que sua lei de formação é dada por $a_n = a_{n-1} + a_{n-2}$. Estes números formam uma sucessão, que é definida como *recorrência* ou *recursiva*, ou seja, é uma sucessão em que é dado o primeiro termo (ou os primeiros termos), e os seguintes são obtidos em função dos anteriores ou recorrendo aos anteriores, portanto a sequência de Fibonacci é uma *sequência recursiva.*

Pela chamada *fórmula de Binet*,[43] dado o número do termo numa sucessão recursiva, calcula-se seu valor. É possível provar que o termo geral de uma sucessão recursiva pode ser expressa diretamente em função do respectivo número de ordem por meio de fórmulas que generalizam essas relações. Para tanto é necessário encontrar bases, formadas por progressões aritméticas ou geométricas que estão associadas à equação recursiva. Então faz-se necessária a determinação da chamada *equação característica* (equação cujas variáveis são potências e os coeficientes são os mesmos da equação recursiva) correspondente. Assim, a cada equação recursiva $u_{n+k} = a_1.u_{n+k-1} + a_2.u_{n+k-2} + \ldots + a_k.u_n$ cuja equação característica é dada por $q^k = a_1.q^{k-1} + \ldots + a_k$, e admite apenas raízes distintas, $q = a$, $q = b\ldots$ pode-se associar uma base de k progressões com razões $a, b, c\ldots$. Desse modo, pode-se afirmar que qualquer sucessão $u(n)$, com n sendo inteiro positivo, existirá k números $A, B, C\ldots$ tal que $u_n = A.a^{n-1} + B.b^{n-1} + \ldots C.c^{n-1}$ onde $n = 1,2,3\ldots$.

A sequência de Fibonacci é dada por $a_{n+2} = a_{n+1} + a_n$ para $n = 1,2,3\ldots$ e a equação característica associada a ela é $q^2 = q + 1$ cujas

[43]Jacques Binet (1786-1856), matemático que desenvolveu o processo para o cálculo do n-ézimo termo de uma sequência em função da sua posição. Alguns autores atribuem a Leonhard Euler, e outros à Moivre seu desenvolvimento.

raízes são $a = \frac{1+\sqrt{5}}{2}$ e $b = \frac{1-\sqrt{5}}{2}$. Assim, o termo geral da sequência de Fibonacci será dado por $a_n = A.a^{n-1}.B.b^{n-1}$. Os números desconhecidos A e B relacionam-se segundo as igualdades:

$$a_1 = 1 = A + B \qquad \text{e} \qquad a_2 = 1 = A.a + B.b = A.\left(\frac{1+\sqrt{5}}{2}\right) + B.\left(\frac{1-\sqrt{5}}{2}\right)$$

De onde podemos montar o sistema de equações:

$$\begin{cases} A + B = 1 \\ A.\left(\frac{1+\sqrt{5}}{2}\right) + B.\left(\frac{1-\sqrt{5}}{2}\right) \end{cases}$$

A solução desse sistema é dada por: $A = \frac{1+\sqrt{5}}{2.\sqrt{5}}$ e $B = -\frac{1-\sqrt{5}}{2.\sqrt{5}}$, logo:

$$a_n = A.a^{n-1} + B.b^{n-1} = \left(\frac{1+\sqrt{5}}{2.\sqrt{5}}\right).\left(\frac{1+\sqrt{5}}{2}\right)^{n-1} - \left(\frac{1-\sqrt{5}}{2.\sqrt{5}}\right).\left(\frac{1-\sqrt{5}}{2}\right)^{n-1} \quad [44]$$

$$a_n = \frac{1}{\sqrt{5}}.\left(\frac{1+\sqrt{5}}{2}\right)^n - \frac{1}{\sqrt{5}}.\left(\frac{1-\sqrt{5}}{2}\right)^n \Rightarrow$$

$$a_n = \frac{1}{\sqrt{5}}.\left[\left(\frac{1+\sqrt{5}}{2}\right)^n - \left(\frac{1-\sqrt{5}}{2}\right)^n\right]$$

Que é o termo geral da sequência de Fibonacci.

---

[44] Esta equação é conhecida como *fórmula de Binet*.

- Relação entre os termos de Fibonacci de grau n e $(n-1)$

Do resultado anterior, desenvolvendo o quociente $\frac{a_n}{a_{n-1}}$ obtemos:

$$\frac{a_n}{a_{n-1}}=\frac{\frac{1}{\sqrt{5}}\cdot\left[\left(\frac{1+\sqrt{5}}{2}\right)^n-\left(\frac{1-\sqrt{5}}{2}\right)^n\right]}{\frac{1}{\sqrt{5}}\cdot\left[\left(\frac{1+\sqrt{5}}{2}\right)^{n-1}-\left(\frac{1-\sqrt{5}}{2}\right)^{n-1}\right]}\Rightarrow$$

$$\frac{a_n}{a_{n-1}}=\frac{\left(\frac{1+\sqrt{5}}{2}\right)^n-\left(\frac{1-\sqrt{5}}{2}\right)^n}{\left(\frac{1+\sqrt{5}}{2}\right)^{n-1}-\left(\frac{1-\sqrt{5}}{2}\right)^{n-1}}\Rightarrow \qquad \frac{a_n}{a_{n-1}}=\frac{\left(\frac{1+\sqrt{5}}{2}\right)^n\cdot\left(1-\left(\frac{1-\sqrt{5}}{2}\right)^n\right)}{\left(\frac{1+\sqrt{5}}{2}\right)^{n-1}\cdot\left(1-\left(\frac{1-\sqrt{5}}{2}\right)^{n-1}\right)}\Rightarrow$$

$$\frac{a_n}{a_{n-1}}=\left(\frac{1+\sqrt{5}}{2}\right)\cdot\frac{\left(1-\left(\frac{1-\sqrt{5}}{2}\right)^n\right)}{\left(1-\left(\frac{1-\sqrt{5}}{2}\right)^{n-1}\right)}\Rightarrow$$

É fácil verificar que o termo $\left(\frac{1-\sqrt{5}}{2}\right)$ da equação anterior tem valor menor que 1, logo se o expoente n for um número muito grande, a relação $\frac{\left(1-\left(\frac{1-\sqrt{5}}{2}\right)^n\right)}{\left(1-\left(\frac{1-\sqrt{5}}{2}\right)^{n-1}\right)}$ deverá ser igual a 1, e a equação toma a forma:

$$\frac{a_n}{a_{n-1}} = \left(\frac{1+\sqrt{5}}{2}\right) = \phi$$

Assim mostra-se que quanto maiores forem os termos da sequência de Fibonacci, maior será a aproximação ao valor do número áureo. Fibonacci não percebeu esta notável relação em seus números ou em sua sequência, ela só foi estabelecida em 1753 pelo matemático escocês Robert Simson. Apesar das oscilações iniciais, é fácil verificar esta tendência.

$\frac{2}{1} = 2$ $\frac{3}{2} = 1{,}5$ $\frac{5}{3} = 1{,}6666\ldots$ $\frac{8}{5} = 1{,}6$ $\frac{13}{8} = 1{,}625$

$\frac{21}{13} = 1{,}6153\ldots$ $\frac{34}{21} = 1{,}6190\ldots$ $\frac{89}{55} = 1{,}6181\ldots$ $\frac{610}{377} = 1{,}618037\ldots$

Leonardo Fibonacci

- Soma dos *n* primeiros números elevados ao cubo

Fibonacci também obteve a soma dos n primeiros números elevados ao cubo. Para tanto, ele posicionou os números ímpares em forma triangular numa disposição tal que a soma dos números de cada linha nos dá a sequência dos números naturais, cada um elevado ao cubo, então, raciocinou da seguinte maneira:

$$
\begin{array}{rrrrrrrrcl}
 & & & & & & & 1 & = & 1^3 \\
 & & & & & & 3 & 5 & = & 2^3 \\
 & & & & & 7 & 9 & 11 & = & 3^3 \\
 & & & & 13 & 15 & 17 & 19 & = & 4^3 \\
 & & & 21 & 23 & 25 & 27 & 29 & = & 5^3 \\
 & & 31 & 33 & 35 & 37 & 39 & 41 & = & 6^3 \\
 & 43 & 45 & 47 & 49 & 51 & 53 & 55 & = & 7^3 \\
57 & 59 & 61 & 63 & 65 & 67 & 69 & 71 & = & 8^3 \\
 & \vdots & & & \vdots & & & \vdots & & \vdots
\end{array}
$$

No triângulo acima, formado por números ímpares, temos o valor da soma até a terceira linha $1+3+5+7+9+11$, equivalente à soma de $1^3+2^3+3^3$, ou seja, a soma do cubo dos três primeiros números naturais correspondem à soma das três primeiras linhas do triângulo, assim como, a soma do cubo dos quatro primeiros números naturais corresponderam à soma das quatro primeiras linhas do triângulo, logo Fibonacci generalizou a soma S_n das primeiras n linhas consecutivas do triângulo para $S_n = 1^3+2^3+3^3+\ldots+n^3$. Mas sabia que a soma dos primeiros p números ímpares é igual a p^2 e a quantidade total T_n de números ímpares até a n-ézima linha será dada por:

$$T_n = 1+2+3+\ldots+n = n.\frac{1+n}{2},$$

Como $S_n = (T_n)^2$ Obteve: $$S_n = \left[\frac{n.(1+n)}{2}\right]^2$$

Outra maneira de obter este somatório:

$$\begin{array}{rcll}
1^3 = 1 & \Rightarrow & 1^2 & \Rightarrow (1)^2 \\
1^3 + 2^3 = 9 & \Rightarrow & 3^2 & \Rightarrow (1+2)^2 \\
1^3 + 2^3 + 3^3 = 36 & \Rightarrow & 6^2 & \Rightarrow (1+2+3)^2 \\
1^3 + 2^3 + 3^3 + 4^3 = 100 & \Rightarrow & 10^2 & \Rightarrow (1+2+3+4)^2 \\
1^3 + 2^3 + 3^3 + 4^3 + 5^3 = 125 & \Rightarrow & 15^2 & \Rightarrow (1+2+3+4+5)^2 \\
\vdots & & \vdots & \vdots \\
1^3 + 2^3 + 3^3 + \ldots + n^3 & \Rightarrow & S_n & \Rightarrow (1+2+3+\ldots+n)^2
\end{array}$$

Como já sabemos, o somatório de n termos, a partir do número 1, a generalização fica evidente.

- Um pouco sobre Blaise Pascal

Aqui não vou apenas apresentar ao leitor o triângulo de Pascal, mas também conhecer um pouco o matemático que cedeu seu nome ao, talvez mais famoso, triângulo da história.

Blaise Pascal, nasceu em Clermont-Bernand a 19 de agosto de 1623. Sua mãe morreu quando ele tinha três anos, e a Pascal restou o pai Étienne Pascal 1588 - 1640, e duas irmãs das quais a mais velha, de nome Jacqueline, virou freira. Pascal mais tarde seria matemático, físico, filósofo religioso e homem de letras, mas antes há uma história muito interessante. A narrativa a seguir é baseada na biografia escrita por sua irmã Gilberte Pascal, que a escreveu depois de ficar impressionada com um acontecimento com Pascal aos doze anos de idade.

"Meu pai era matemático, então convivia e frequentemente recebia em nossa casa pessoas ligadas a esta Ciência. Sua intenção, no entanto, era formar meu irmão em línguas - latim e grego entre outras - assim, nosso pai evitava de todas as maneiras que o jovem Pascal tivesse qualquer tipo de contato com a Matemática, pois sabia ele que o matemático ocupava uma posição pouco honrosa em relação às outras profissões, e, como consequência, o salário também ocupava uma posição diretamente proporcional. Pensando dessa maneira, escondeu todos os livros de Matemática de nossa casa evitando, inclusive, comentários sobre tal assunto na frente do menino. Como tudo que é proibido desperta uma curiosidade ainda maior, meu irmão, com doze anos de idade, pedia seguidamente para que meu pai lhe ensinasse Matemática, este por sua vez sempre recusava, dizendo-lhe que após aprender línguas, lhe ensinaria como forma de recompensa. Com a curiosidade à flor da pele, meu irmão certo dia perguntou a meu pai, qual a Natureza e de que tratava essa Ciência? Traçar figuras exatas e encontrar proporções entre elas, uma resposta vaga que veio acompanhada de nova proibição de falar a respeito do assunto. Inconformado com a resposta, meu irmão pôs-se a pensar nas horas de folga em seu quarto, onde costumava passar o tempo. Então, com um pedaço de giz, passou a traçar figuras no assoalho, tentando descobrir uma maneira de traçar um círculo perfeitamente redondo, ou um triângulo cujos lados e ângulos fossem exatamente iguais. Tendo conseguido isso, passou a procurar proporções entre suas figuras. Meu irmão, que sequer teve acesso aos nomes usados na Matemática, pois até isso nosso pai proibiu, viu-se obrigado a criar nomes para suas figuras, assim chamou de *redondo* o círculo, e *bastão* a reta e assim por diante. Foi a maneira que Pascal conseguiu estabelecer axiomas e demonstrações completas. Seu progresso foi tal que chegou a alcançar, sem conhecimento, o 32° postulado do primeiro livro de Euclides. Num determinado dia, meu irmão totalmente absorto em seus cálculos, foi apanhado de surpresa por meu pai que entrou em seu quarto de modo inesperado, Pascal sequer sentiu a presença de alguém. Não sei qual dos dois ficou mais surpreso, se o desobediente filho ao ver o pai ou o pai ao ver tal progresso que o filho alcançara na Geometria, *partindo do nada.* Meu pai então perguntou a meu irmão, como conseguira chegar a investigar tais coisas? Sua resposta foi simples e objetiva: cheguei através de outros fatos que havia descoberto. Tamanho foi o susto de nosso pai ao perceber que tinha um filho que simplesmente estava inventando a Geometria, que resolveu procurar um amigo, o Sr. Le Pailleur. Com a visita inesperada de meu pai, o Sr. Le Pailleur pediu para que se acalmasse e relatasse tudo que estava acontecendo. Disse então, meu pai: não se preocupe, pois não estou chorando de tristeza, mas sim de alegria, como é sabido pelo senhor, procurei de todas as maneiras evitar o contato de meu filho com a Matemática, a fim de não atrapalhá-lo em seus outros estudos; finalmente narrando-lhe toda a situação. Não menos surpreso que meu pai, o Sr. Le Pailleur deu a sua opinião: não acho justo a partir desse acontecimento, esconder de seu filho tais conhecimentos, acho que deve mostrar todos seus livros e ajudá-lo naquilo que for necessário. A partir de então, meu pai liberou seus livros, entregando-lhe em mãos o livro *Os Elementos*, de Euclides. Pascal estudou sozinho sem jamais pedir uma explicação sequer. Seu progresso foi tão grande que meu irmão passou a assistir regularmente a conferências semanais, na então Academia Mersene, realizadas em Paris (esta academia foi o embrião da futura Academia Francesa de Ciências, fundada em 1666). Essas conferências eram frequentadas por matemáticos franceses onde apresentavam suas obras e as discutiam. Em pouco tempo, meu irmão passou a ser a pessoa que mais apresentava novos assuntos, além de que, trabalhos ou teses enviadas de outros países como Itália e Alemanha passavam pelo crivo crítico de meu irmão. Sua inteligência era tamanha que erros não encontrados por outras pessoas não passavam despercebidos a Pascal. Assim, seus conselhos a respeito desses trabalhos passaram a ser mais ouvidos que de qualquer outra pessoa. Por ordens expressas de meu pai, o estudo das línguas continuava, então dedicava-se à Matemática somente nas horas vagas, mas seu entusiasmo com tal Ciência era tamanho, que, aos dezesseis anos, redigiu *Ensaio Sobre as Secções Cônicas*. Este trabalho foi considerado tão importante que surgiram comentários dando conta de que desde Arquimedes não se via nada de igual valor. Descartes chegou a duvidar que tal trabalho tivesse sido escrito por um adolescente, preferindo atribuir sua autoria ao pai dele. Pascal jamais frequentou uma escola ou teve professores particulares, seus conhecimentos vinham de longas conversas com meu pai, durante e após as refeições e, nessas horas, conversavam sobre todo tipo de assunto; Matemática, línguas, Filosofia, Física, etc. Meu pai passou a ser um admirador de meu irmão e entusiasmado com sua inteligência, não percebeu que seus esforços mentais com tão tenra idade poderiam prejudicar-lhe a saúde. Infelizmente, aos dezoito anos começaram a aparecer os primeiros sinais. Seus problemas de saúde ainda não foram suficientes para dobrá-lo, assim aos dezenove anos inventou a máquina de calcular, a *pascaline* que na época era chamada *máquina Aritmética*".

Gilberte não narra que, nesse período, seu pai fora nomeado oficial de impostos e Pascal, que ajudava os subordinados de seu pai nos cálculos complicados, resolveu tentar facilitar a vida de todos, inventando uma máquina de calcular. Levou dois anos para que a primeira ficasse totalmente pronta. Depois chegou a construir mais cinquenta, algumas preservadas até hoje. Embora essa máquina tenha sido considerada um milagre, pois realizava sozinha todas as operações sem exigir nenhum conhecimento matemático de quem a operava, foi difícil para Pascal passar a ideia aos trabalhadores, bem mais difícil que conceber o mecanismo, e isto também contribuiu para piorar sua saúde. Essas fadigas e a precária saúde trouxeram-lhe padecimentos que o acompanharam pelo resto de sua vida. Certa vez, chegou a dizer que desde o seu décimo oitavo ano de vida nunca mais passou um dia sem dores. Com vinte e um anos, se interessou pelo trabalho de Torricelli sobre pressão atmosférica, como resultado deixou-nos o *princípio da hidrodinâmica de Pascal* ($P = P_A + \rho.g.h$, a pressão P à profundidade h é dada pela soma da pressão atmosférica P_A mais peso específico do líquido $\rho.g$ vezes a altura h). Este princípio e outras leis da pressão atmosférica aparecem em seu trabalho *Prefácio ao trabalho do vácuo* e *Novas experiências relativas ao vácuo*, datados de 1647. O esforço mental de Pascal com outras pesquisas foi tão excessivo que, aos vinte e quatro anos, sofreu um colapso físico que jamais conseguiu se recuperar. Com a morte do pai em 1648, e com sua saúde extremamente comprometida, Pascal voltou a Paris com o propósito de se tratar. Mas, foram três anos turbulentos em sua vida na cidade luz. Preferiu as prostitutas e o contato com a nobreza e a burguesia de sua época. Pascal não moderou seu comportamento e nem os gastos excessivos, sendo inclusive uma das vítimas da epidemia de sífilis. Logo, em 1650, Pascal abandou essa vida tão subitamente como a iniciara, passou então a dedicar-se à religião, guardando todas suas energias ao estudo, à vontade Divina e à defesa do cristianismo. Esse período teve duração de três anos, depois Pascal reencontrou seu equilíbrio.

Então, junto com Fermat, desenvolveu a Teoria das Probabilidades, algumas proposições sobre Teoria dos Números e realizou várias experiências sobre a pressão dos fluidos. A Ciência muito ainda poderia esperar de Pascal, mas na noite de 23 de novembro de 1654, ele sofreu um acidente de carruagem no qual quase morreu, daí reforçou sua crença, pois encarou a sua salvação miraculosa como sendo uma última advertência de deus para que deixasse a vida mundana e renunciasse ao mundo, voltando-se unicamente ao lado religioso.

Blaise Pascal

Máquina de calcular de Pascal - modelo original do departamento de Ciências da IBM.

Pascal então recolheu-se ao convento de Port-Royal abandonando todas as suas ideias e dedicando-se exclusivamente às suas meditações. Em 1658, é acometido de uma terrível dor de dente, dor esta que o acompanhou durante diversas noites, mas curiosamente, ao dedicar-se à resolução de um problema matemático, as dores o abandonaram subitamente. Este abandono foi entendido por Pascal como sendo uma permissão dada por deus para prosseguir seu trabalho. Então, no decorrer de uma semana trabalhou numa série de difíceis problemas que, mais tarde, foram lançados como desafios e cujas soluções não foram encontradas por nenhum matemático de seu tempo. Foi nesse período que Pascal estudou a Geometria e a ciclóide. Depois disso, nunca mais dedicou-se à Matemática.

Escreveu ainda *Cartas a um provincial* e *seus pensamentos,* estes trabalhos tornaram-se obras-primas da literatura francesa. Pascal foi um grande gênio que, aos doze anos de idade, inventou a Geometria, aos catorze participou de reuniões com intelectuais franceses e aos dezesseis já era chamado de novo Arquimedes. Faleceu no próprio dia de seu aniversário, em 1662, com apenas trinta e nove anos, acometido de uma grave enfermidade que o amargou durante seus últimos dias. Sua vida foi extremamente difícil, principalmente, no que diz respeito à saúde (ao que consta sua morte foi em consequência de uma sífilis mal curada).

- Os números de Fibonacci e o Triângulo de Pascal

Em 1653, Pascal escreveu o livro *Traité du Triangle Arithmétique* ou *Tratado do triângulo aritmético,* que só foi publicado em 1665. Seu conteúdo traz talvez seu mais famoso trabalho, que hoje é conhecido por qualquer aluno de segundo grau, o *Triângulo de Pascal.* Embora o triângulo já fosse conhecido muito tempo antes de Pascal, este acabou levando o seu nome, devido à descoberta de novas propriedades e aplicações do triângulo ao estudo da probabilidade.

Pascal desenhou e estudou de maneira indelével o triângulo. Não, não é um triângulo retângulo, equilátero ou qualquer outro, por sinal pouco nos importa seus ângulos ou seus lados, ele é apenas um triângulo, ou melhor, um triângulo formado por números, e seu preenchimento é tão simples que qualquer criança poderia tê-lo inventado, mas suas propriedades mostram-nos uma beleza tamanha, que o coloca como um dos trabalhos mais fantásticos desenvolvidos em toda a história da Matemática.

Agora vejamos como montar o famoso Triângulo de Pascal. Todas as linhas devem iniciar e terminar com um, então faz-se a primeira linha igual a 1 e a segunda igual a 1. Depois a terceira linha inicia-se com 1, o segundo número (2) será formado pela soma do número imediatamente acima (1) na mesma coluna, com seu antecessor (1), então repete-se o número 1. Para a terceira linha, inicia-se com 1 depois, $3 = 2 + 1$, $3 = 1 + 2$ e termina com 1, o processo pode ser repetido indefinidamente.

$$
\begin{array}{lllllllllcc}
1 & & & & & & & & & \Rightarrow & 1 = 2^0 \\
1 & 1 & & & & & & & & \Rightarrow & 1+1 = 2^1 \\
1 & 2 & 1 & & & & & & & \Rightarrow & 1+2+1 = 2^2 \\
1 & 3 & 3 & 1 & & & & & & \Rightarrow & 1+3+3+1 = 2^3 \\
1 & 4 & 6 & 4 & 1 & & & & & \Rightarrow & 1+4+6+4+1 = 2^4 \\
1 & 5 & 10 & 10 & 5 & 1 & & & & \Rightarrow & 1+5+10+10+5+1 = 2^5 \\
1 & 6 & 15 & 20 & 15 & 6 & 1 & & & \Rightarrow & 1+6+15+20+15+6+1 = 2^6 \\
1 & 7 & 21 & 35 & 35 & 21 & 7 & 1 & & \Rightarrow & 1+7+21+35+35+21+7+1 = 2^7 \\
1 & 8 & 28 & 56 & 70 & 56 & 28 & 8 & 1 & \Rightarrow & 1+8+28+56+70+56+28+8+1 = 2^8 \\
\vdots & & \vdots & & \vdots & & & \vdots & & & \vdots \quad \vdots \quad \vdots \quad \vdots
\end{array}
$$

Propriedades (as três primeiras decorrem da definição):

1- Todos os elementos da primeira coluna são iguais a 1.

2- O último elemento de cada linha é igual a 1.

3- Cada número, exceto o primeiro e o último de cada linha, é formado pela soma do número imediatamente acima e seu antecessor.

4- O somatório de todos os elementos de cada linha é uma potência de 2 (ver figura anterior). Esta propriedade é conhecida como *teorema das linhas*.

5- A soma dos números de uma mesma coluna, desde o primeiro até um número qualquer, é igual ao número que fica imediatamente abaixo na coluna situada à direita da considerada. Esta propriedade é conhecida como *teorema das colunas*. Ex. Seja a quarta coluna, então $1 + 4 + 10 + 20 + 35 = 70$.

A soma dos números situados na mesma diagonal, desde a primeira coluna até uma coluna qualquer, é igual ao número imediatamente abaixo, na mesma coluna. Esta propriedade é conhecida como *teorema das diagonais*. Exemplo: Seja a terceira diagonal, então $1+3+6=10$.

6- Os números da n-ézima linha são os coeficientes dos sucessivos termos do binômio do tipo $(a+b)^n$ e seu somatório é igual a 2^n. Assim:

$$
\begin{array}{ll}
n=0 \Rightarrow & (a+b)^0 = 1 \\
n=1 \Rightarrow & (a+b)^1 = 1.a + 1.b \\
n=2 \Rightarrow & (a+b)^2 = 1.a^2 + 2.a.b + 1.b^2 \\
n=3 \Rightarrow & (a+b)^3 = 1.a^3 + 3.a^2b + 3.a.b^2 + 1.b^3 \\
n=4 \Rightarrow & (a+b)^4 = 1.a^4 + 4.a^3b + 6.a^2.b^2 + 4.a.b^3 + 1.b^4 \\
n=5 \Rightarrow & (a+b)^5 = 1.a^5 + 5.a^4b + 10.a^3.b^2 + 10.a^2.b^3 + 5.a.b^4 + 1.b^5 \\
\vdots & \vdots \qquad\qquad \vdots \qquad\qquad \vdots
\end{array}
$$

É interessante citar que o estudo do triângulo de Pascal continua e, diga-se de passagem, é bastante extenso. Mas, no momento o que nos interessa é como podemos relacionar esse triângulo aos números de Fibonacci. Eles aparecem de forma espantosa quando somamos suas diagonais, da maneira indicada a seguir.

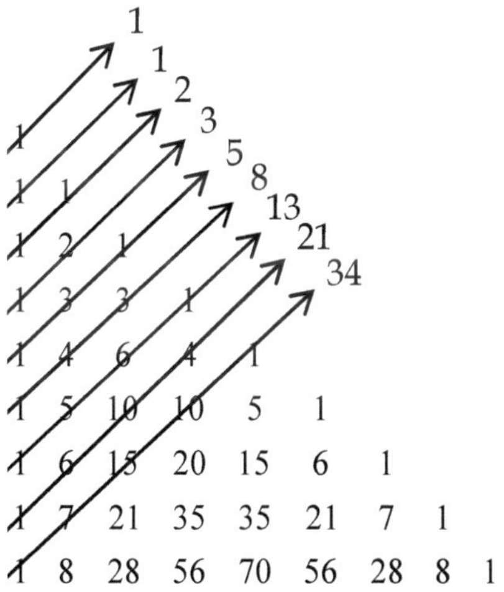

As diagonais são iniciadas a partir do número 1 (um), depois traçamos paralelas e somamos os números que a compõem, eis que surge a famosa sequência de Fibonacci.

Desenhando quadrados com as dimensões da série e alinhando-os conforme mostra a figura a seguir, obtemos um retângulo cuja relação entre o lado maior e o lado menor está cada vez mais próxima da Proporção Áurea, a este retângulo é dado o nome de *retângulo de ouro* ou *retângulo áureo.*

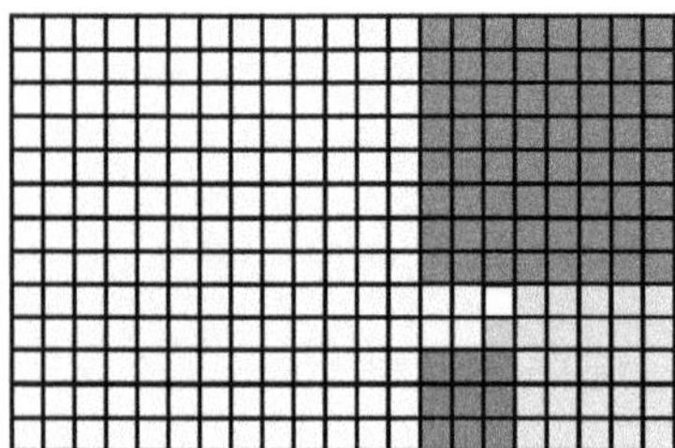

- Os números de Fibonacci e seu determinante

É interessante saber que, quando montamos uma matriz com os números que compõem a sequência de Fibonacci, obtemos determinante igual a zero.

$$\begin{vmatrix} 3 & 5 & 8 \\ 13 & 21 & 34 \\ 55 & 89 & 144 \end{vmatrix} = 0 \qquad \begin{vmatrix} 1 & 2 & 3 & 5 \\ 8 & 13 & 21 & 34 \\ 55 & 89 & 144 & 233 \\ 377 & 610 & 987 & 1597 \end{vmatrix} = 0$$

Isso acontece pelo fato de uma coluna ser formada pela soma de outras duas. Lembremos que, se numa matriz uma fila qualquer é igual a uma combinação linear de outras filas paralelas a ela, então o determinante é nulo.

Um guia para a verdadeira beleza

Nenhuma investigação humana pode ser considerada Ciência se não abrir o seu caminho por meio da exposição e da demonstração Matemática.

Leonardo da Vinci

Das muitas sínteses e fusões que o Renascimento instaurou, talvez as mais significativas estejam encarnadas na figura do artista, que, através de suas criações em todas as áreas, tão bem retratou o sentimento de novidade cujas bases nasceram em solo grego.

Os gregos antigos que se deliciavam com seu teatro de comédia ou sofriam com suas tragédias são os mesmos que discutiam conceitos relacionados às Ciências como Botânica, Medicina, Astronomia, Matemática, Arquitetura etc. Eles não se destacam apenas com suas belas construções, também são dignas de admiração suas esculturas e principalmente sua Ciência. O formato de muitas das construções gregas não constituem um mero acaso, sua arquitetura com linhas harmoniosas, agradáveis à vista e bonitas são o resultado da aplicação, na prática, da Proporção Áurea, muito bem conhecida por eles. A gloriosa civilização da Grécia antiga parece ter encontrado, além do caminho para a sabedoria e para a razão, a fórmula para a busca da beleza.

Foi Pitágoras quem descobriu que o pentagrama estava repleto de Matemática. A razão dos segmentos de reta que formam um pentagrama sempre tem como resultado o número áureo, e é por esta razão que este símbolo passou a expressar a *divina proporção* e também tornou-se o símbolo da beleza e da perfeição, ambas associadas à deusa da beleza.

- As medidas mágicas

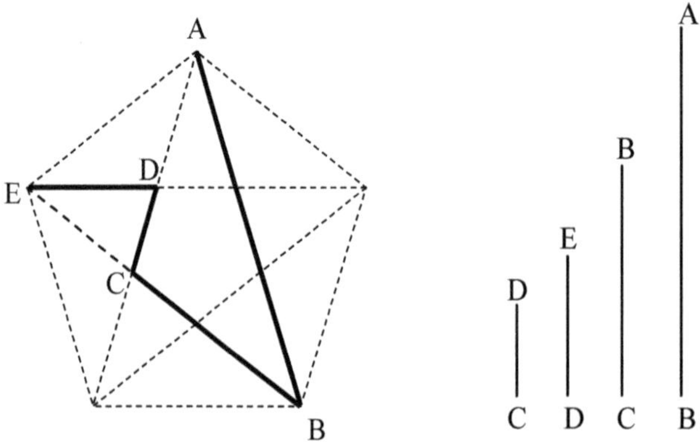

As duas linhas *CD* e *DE*, combinadas, são exatamente iguais à terceira *BC*, assim como a segunda *CD* combinada com a terceira *BC*, são iguais à quarta *AB*, ambas combinações mostram exatamente as proporções mágicas da regra de ouro. Logo verificamos que escondido dentro do pentagrama está o segredo da criação do *retângulo áureo* ou *retângulo de ouro*, pois fica fácil verificar que as figuras formadas pelos lados $DE+DC$ e DC, $BC+DE$ e DE, $AB+BC$ e BC são todos retângulos áureos, exatamente aqueles que os gregos tanto admiravam por suas proporções belas e suas qualidades mágicas. O pentagrama ou a estrela de cinco pontas possui o retângulo de ouro muitas vezes entre eles, podendo facilmente ser verificados os de lados *AE* e *ED* ou *EC* e *CD*.

Seja o retângulo de ouro de lados *AB* e *BC* na figura I a seguir, onde *D* divide o segmento *JC* em média e extrema razão. A partir de *D* traçamos ID de modo a formar o quadrado *AIDJ* e o retângulo de lados *BC* e *CD*. Com o mesmo critério construímos o retângulo de lados *CD* e *DE*, onde *E* dividirá o segmento *ID* em média e extrema razão, para obter os outros retângulos, basta repetir o processo. É uma forma fantástica, que pode se reproduzir matematicamente infinitas vezes e todos esses retângulos, obviamente, não serão iguais, mas terão exatamente as mesmas proporções.

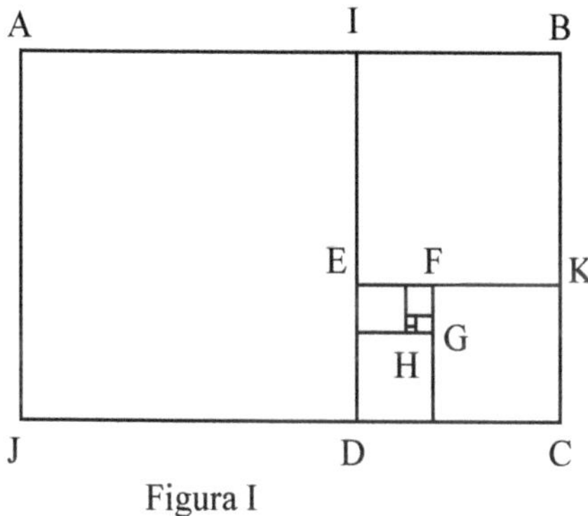

Figura I

Depois traçamos a espiral, sua construção é simples, conforme a figura mostra a seguir, tomando como centro o ponto *D* do primeiro quadrado e como raio *DJ*, traçamos o arco *JI*, depois tomamos *E* como centro e *EI* como raio e traçamos o arco *IK*, para obter os outros arcos, basta repetir o processo.

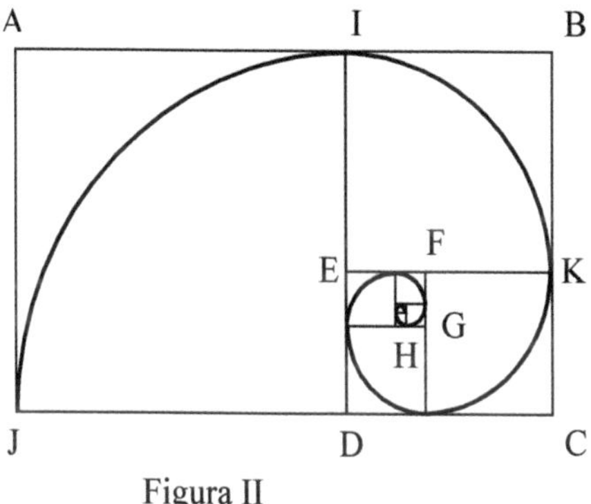

Figura II

Na forma final gerada obtemos a espiral, conforme mostra a figura II, conhecida como *espiral de ouro* ou *espiral áurea*. Ambos, retângulo e espiral, repetem as proporções da regra de ouro ao infinito.

A repetição das mesmas proporções da regra de ouro ao infinito também ocorre em outra figura geométrica, o pentagrama, o símbolo da seita religiosa criada pelo matemático e filósofo Pitágoras.

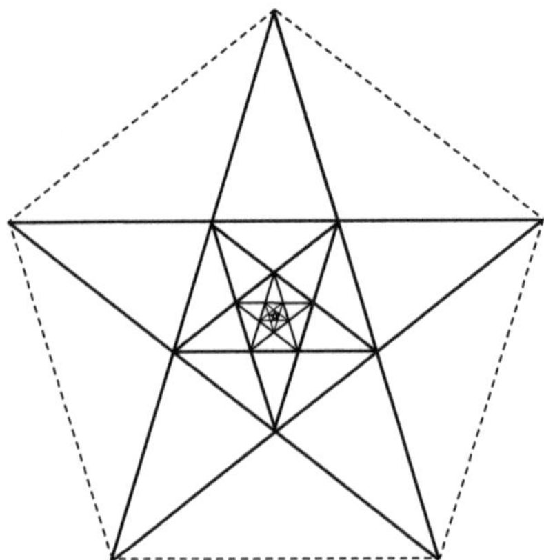

Ele e seus seguidores conheciam bem, não só este fato, mas outros tantos referentes a esse polígono, daí talvez o motivo do encanto deles pelo pentagrama. O fato é que traçando as diagonais dessa figura, obtemos o pentagrama ou a estrela de cinco pontas, suas intersecções determinam um novo pentágono em seu centro. Dentro desse novo pentágono, com o mesmo procedimento, podemos formar outra estrela, menor, mas cujas proporções são as mesmas da primeira. O processo pode ser repetido infinitas vezes e as proporções sempre continuam as mesmas. Trata-se na verdade, de uma propriedade fascinante. Para Pitágoras o mais fascinante ainda era saber que todas essas linhas se organizam segundo a Proporção Áurea.

- A relação áurea infinita

Seja o segmento de reta AB onde o ponto C o divide em média e extrema razão, então temos $AC = \phi$ e $CB = 1$ de forma que:

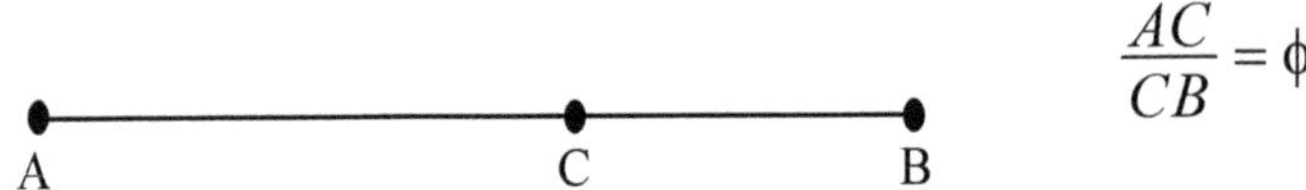

$$\frac{AC}{CB} = \phi$$

Imagine o leitor se dobrássemos o segmento *AB* no ponto *C*, assim se fizermos *CB* ser o raio de um círculo, então a sua intersecção com o segmento *AC* será em *B'* e este também dividirá o segmento *AC* em média e extrema razão.

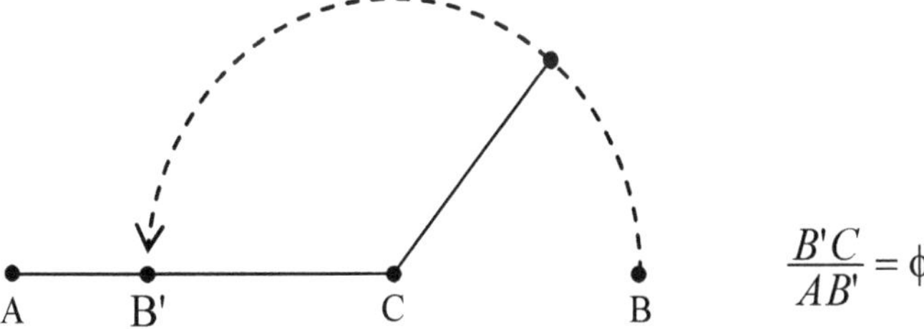

Com o mesmo procedimento, mas agora com o segmento AB' obtemos:

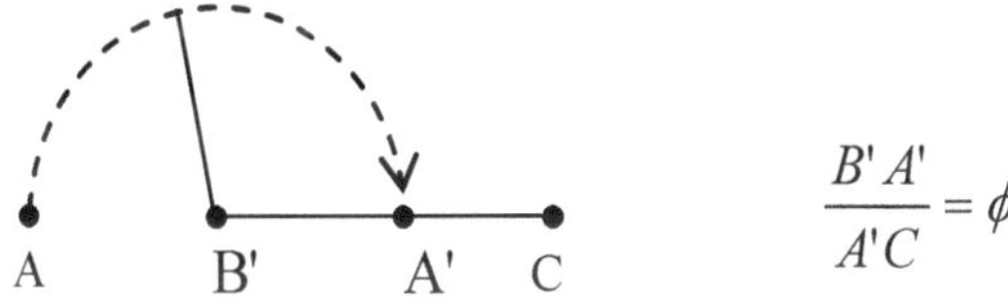

Este processo pode ser repetido indefinidamente, e por mais que os segmentos fiquem cada vez menores, o resultado da proporção mágica sempre será ϕ.

- A estrela mágica

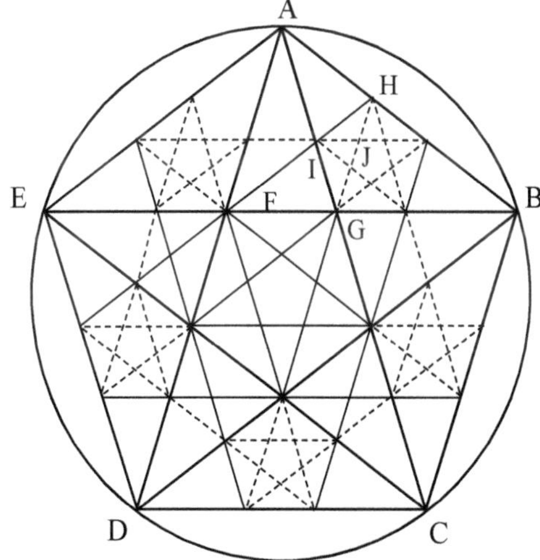

Quando o lado do pentágono é a unidade, obtemos novamente a estrela mágica e ela terá as mesmas proporções. Calculemos o lado *GI* do novo pentágono.

$AB = 1 \qquad EB = \phi \qquad EG = FB = 1$

$GB = \phi - 1 = \frac{1}{\phi} \qquad GH = FG = 1 - \frac{1}{\phi}$

$FG = \frac{1}{\phi^2}$ Mas, $\frac{GI}{FG} = \frac{GB}{AB}$

$$\frac{GI}{1/\phi^2} = \frac{1}{\phi} \Rightarrow \quad GI.\phi^2 = \frac{1}{\phi} \Rightarrow \qquad \underline{\underline{GI = \frac{1}{\phi^3}}}$$

Este resultado mostra que a Proporção Áurea continua existindo na nova estrela, pois sendo $GI = GJ$, temos:

$$\frac{GH}{GJ} = \frac{\frac{1}{\phi^2}}{\frac{1}{\phi^3}} = \phi$$

Se o lado do pentágono for ϕ^2 facilmente o leitor obterá as relações mostradas na figura a seguir.

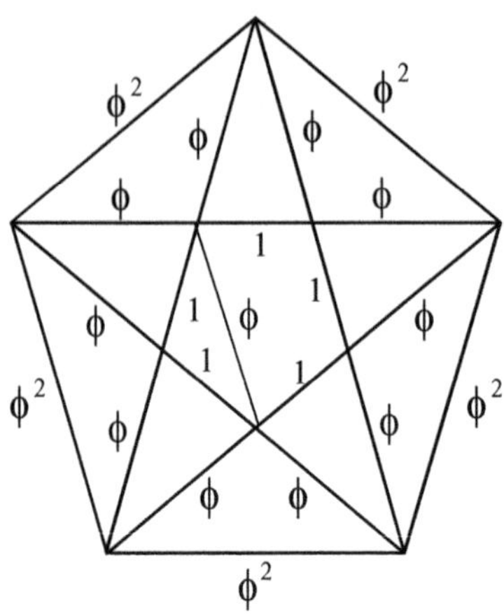

A Arquitetura e a secção áurea

A beleza reside no tamanho apropriado das partes, que se ajusta de forma harmoniosa no todo, criando assim o equilíbrio.

Platão

O arquiteto, através da Matemática ou da Geometria, busca uma forma de ordenação para sua construção de modo que possa, não só expressar a beleza, mas também, harmonia e estética em seu projeto arquitetônico. Para conseguir essas qualidades, o arquiteto deve trazer, para seu trabalho, as proporções da Natureza, mais especificamente do corpo humano ou de um homem bem formado. Essa abordagem faz parte do trabalho *De architectura,* composto de dez livros do arquiteto romano Marcus Vitruvius Pollo, que viveu por volta dos anos 90 e 20 a.C.. Seu tratado, que abordava a relação da arquitetura com as proporções do corpo humano, é a única obra literária sobre arquitetura da antiguidade que chegou até a época do Renascimento. A partir daí tornou-se a base de toda arquitetura que ainda estava por vir.

Vitrúvio afirmava que a beleza de uma obra arquitetônica não se restringe a uma aparência de bom gosto e agradável, mas também quando, num todo, seus elementos são proporcionais de acordo com os princípios de simetria. Ele também estabeleceu três conceitos básicos para uma boa obra: utilidade, solidez e beleza.

De architectura, de Vitrúvio.

O conhecimento dos escritos dos antigos arquitetos gregos são mínimos, mas a história mostra que arquitetos de todos os tempos sempre consideraram de extremo valor as questões relativas a proporções. Para Vitrúvio o arquiteto tinha que conhecer Matemática e Geometria. O retângulo de ouro ou retângulo áureo é aquele cujos lados estão na razão de 1 para ϕ ou de ϕ para 1, é considerado por muitos como o mais agradável aos olhos, suas propriedades artísticas e estéticas podem ser observadas tanto na arquitetura quanto nas esculturas grega. Hoje o retângulo áureo é utilizado em cartazes publicitários, cartões de crédito, jornais, revistas, capas de livros etc.. Para os gregos esse retângulo representava a lei da beleza Matemática.

O Templo dórico dedicado a deusa *Atena Parthenos*, foi construído no século V a.C. e está situado no alto da Acrópole de Atenas. O Partenon, (Templo das Virgens em português), é um belíssimo edifício rodeado de colunas e foi construído por Péricles, o então chefe político de Atenas. Ele contratou os arquitetos Ictino e Calícrates, mas sua concepção está relacionada à figura de Fídias, um dos maiores escultores da Grécia antiga, que também foi contratado para dirigir pessoalmente a construção. Nessa construção, talvez a mais famosa da Grécia antiga, assim como as cariátides[45], encontramos vários retângulos de ouro.

A fachada do Templo é um retângulo em que *o lado maior dividido pelo lado menor é igual à divisão do lado menor pela diferença do lado maior e lado menor*. É certo afirmar que os gregos não usaram essas medidas ao acaso, pois sabiam

[45] Figura humana, geralmente feminina, esculpida em fachadas da Grécia antiga, cuja função era justamente dar o suporte para a construção.

eles, principalmente Fídias, que retângulos ou construções com essas proporções eram mais harmoniosas, mais belas e, consequentemente, eram mais agradáveis aos olhos.

Existem vários exemplos sobre como o retângulo áureo se ajusta à fachada do Partenon. Sua planta mostra que o templo foi construído tendo por base um retângulo com comprimento igual à raiz quadrada de cinco e largura igual a um. E as cariátides, que enfeitavam as construções gregas, estavam dispostas segundo retângulos áureos.

O fabuloso Partenon e sua arquitetura áurea.

As cariátides e os retângulos de ouro.

Pitágoras estudou a secção áurea e sabia que ela era a base das proporções do corpo humano. Esta descoberta, com o decorrer do tempo, teve grande efeito na arte grega, o Partenon talvez seja o melhor exemplo da aproximação da Matemática com a arte grega, além de ser um exemplo culminante da relação lógica e harmoniosa e da proporção na arquitetura.

Catedral de Notre Dame

No mundo ocidental o conceito de beleza relacionado ao número de ouro foi muito bem aceito e, de certa forma, teve grande influência nas artes em geral. Na construção civil, entre outras, a Catedral de Notre Dame na França é um exemplo fabuloso.

Os construtores medievais das igrejas e das catedrais, à maneira dos gregos, tiveram seus projetos baseados na secção áurea. Tanto por dentro como por fora, eram consideradas estruturas geométricas ideais.

Na época renascentista, os artistas utilizavam regularmente a secção áurea, dividindo a superfície de uma pintura em agradáveis proporções, tal como os arquitetos a utilizavam para analisar as proporções de um edifício. A primeira edição italiana do *De Architectura*, de Vitrúvio, utilizou a Proporção Áurea para analisar a edificação da Catedral de Milão.

Podemos dizer que, no geral, a cultura medieval foi fortemente influenciada pela religião, e, por este motivo a arquitetura desse período destacou-se com a construção de castelos, igrejas e catedrais.

- Luca Pacioli

Foi comum na arquitetura do Renascimento, através de diferentes caminhos, usar o homem como paradigma da boa arquitetura. Por volta do ano 1500 Milão era considerada o centro da Ciência e da arte e muitos cientistas e artistas proeminentes viveram e trabalharam ali. Entre eles estava Leonardo da Vinci que se tornou amigo do monge franciscano Luca Pacioli. Típico homem do início Renascimento, Pacioli como matemático, foi um grande estudioso e admirador da secção áurea, este fato fica evidenciado até pelo nome de seu tratado, *De divina proportione*, que pode ser dividido em três partes. A primeira, *Compendium de divina proportione,* trata dos poliedros regulares e semi-regulares; da divisão de um segmento em média e extrema razão; da razão áurea e então, obtém treze propriedades entre elas: se, em um pentágono equilátero equiangular traçarmos as diagonais a partir de dois vértices consecutivos, então essas diagonais cortam-se segundo a Proporção Áurea, e seus maiores segmentos são congruentes ao lado do pentágono, já visto por nós no capítulo *A divina proporção.* Ele caracterizou as propriedades, como exclusivas, notáveis, quase sobrenaturais, e descobriu na proporção a relação universal que expressa a perfeição da beleza na Natureza e na arte, passou então a chamá-la como *proporção divina.* A segunda parte é um tratado de arquitetura baseado no trabalho de Vitrúvio onde mostrou algumas regras que podem ser úteis na construção civil. Já a terceira parte é uma tradução, do latim para o italiano, do trabalho do pintor italiano Piero della Francesca, *Libellus de Quince Corporibus Regularibus,* um tratado sobre a construção dos poliedros regulares e as aplicações da secção áurea na

Arquitetura. O trabalho tem cerca de 60 desenhos magnificamente feitos por Leonardo da Vinci, foi publicado em 1509 e seu significado histórico consiste no fato de ter sido o primeiro livro sobre matemática dedicado à *secção áurea*. Luca Pacioli é considerado um dos principais responsáveis pelo ressurgimento no Renascimento, do interesse da divisão proporcional de Pitágoras de média e extrema razão.

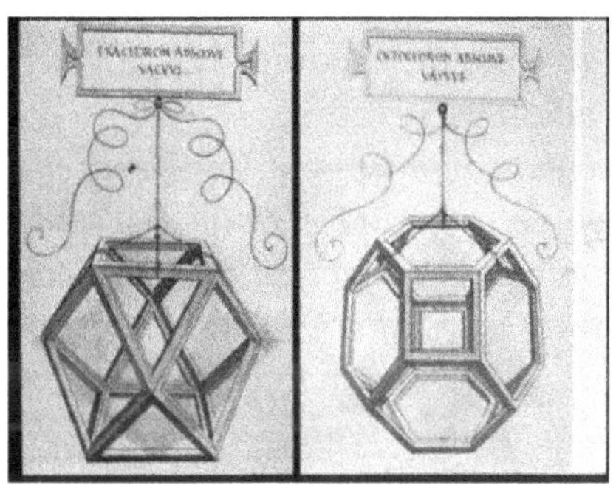

Ilustrações de Leonardo da Vinci para o livro de Pacioli *Divina proporcione* (1509). Este trabalho contém entre outros, os sólidos platônicos, grupo de figuras geométricas chamadas poliedros. Diz-se que um poliedro é regular quando este é formado por polígonos regulares idênticos. Somente cinco sólidos regulares são possíveis, o dodecaedro, o icosaedro, o octaedro, o tetraedro e o hexaedro, são os *sólidos platônicos*.

Em seu trabalho Luca Pacioli atribuiu cinco propriedades à Proporção Áurea, a saber.

A primeira consiste no fato de que a Proporção Áurea é única e, pelo fato de ser única, de acordo com as doutrinas filosóficas, é uma propriedade somente atribuída a deus.

A segunda propriedade é o fato de que sua construção depende de três elementos assim como a da santíssima trindade, que é expressa nas três pessoas, o Pai, o Filho e o Espírito Santo.

A terceira propriedade consiste no fato de como deus, que não pode ser determinado e esclarecido por nenhuma palavra, nossa proporção não pode ser expressa por um número racional.

A quarta propriedade foi associada por Pacioli à onipresença e a invariabilidade de deus a Proporção Áurea, uma vez que esta tem sempre o mesmo valor e não depende do tamanho da linha a ser dividida ou do tamanho do pentágono no qual a proporção é calculada.

A quinta propriedade vem de que a deus é conferido todo o cosmo através da quinta essência, esta representada pelo dodecaedro, então à Proporção Áurea confere o símbolo do dodecaedro que não pode ser construído sem a dita proporção. Seu livro é um dos primeiros trabalhos matemáticos que combina a doutrina cristã - sobre deus como o criador do universo - com uma comprovação científica. Com relação a quinta propriedade Pacioli escreveu:

> *Si commo Idio l'essere conferesci alla virtu celeste per altro nome detta quinta essentia e medinante quella ali altri quatro corpi semplici cioe ali quattro elementi Terra... E per questi l'essere a cadauna ltra cosa in natura. Cosi questa nostra proportione l'essere formale da (secondo... Timeo) a epso cielo atribuendoli la figura del corpo detto Duodecedron, altramente corpo de 12 pentagoni.*
>
> *Como deus chamou a vida de virtude celestial, chamada pelo nome de quinta essência, e chamou os outros quatro elementos simples a terra, o ar, o fogo a água... então através destes, todos as outras coisas da Natureza. Assim, esta nossa proporção é um ser formal (de acordo com Timeu[46]) ao céu, atribuindo a ela a figura do sólido chamado dodecaedro, nada mais que um sólido formado por doze pentágonos.*

Retrato de Luca Pacioli.

---

[46] Tratado teórico escrito por Platão por volta de 360 a.C.. Seu conteúdo consiste em especulações sobre a natureza do mundo físico.

Summa de Arithmetica, Geometria proportioni et proportionalità ou "*soma aritmética, Geometria, proporções e relações*" de Luca Pacioli, escrita em 1492, foi a primeira obra matemática a ser impressa. Seu livro não é só dedicado a Aritmética, Álgebra e Geometria, também traz problemas de aplicação da Matemática ao comercio. A importância da impressão desse trabalho pode ser avaliada pelo fato de até hoje o museu de Nápoles possuir o quadro de Jacopo de Barbari mostrando Luca Pacioli e sua *Summa*. Luca Pacioli morreu em 1515 e desde então, seus trabalhos ficaram esquecidos por quase quatro séculos.

A arquitetura renascentista baseou-se na arquitetura da antiguidade clássica. O italiano Filippo Brunelleschi, considerado pai da arquitetura desse período, desenvolveu seu trabalho amplamente baseado na secção áurea. Ele é autor da cúpula da catedral de Florença, a primeira grande obra da arquitetura renascentista, a capela Pazzi de Florença e a catedral de São Lourenço.

Catedral de Florença

Interior da capela de Pazzi

Catedral de São Lourenço

O trabalho de Filippo Brunelleschi foi amplamente baseado no quadrado e no retângulo. Internamente é fácil verificar a presença dos elementos arquitetônicos clássicos como arcos, colunas, cornijas[47] etc. A arquitetura renascentista teve seu apogeu com a construção da basílica de São Pedro, em Roma, iniciada em 1506 por Bramante e continuada por Michelangelo que também era partidário da ideia de empregar a Proporção Áurea nas artes em geral.

[47] Molduras sobrepostas colocadas na parte superior da parede, de portas, de arcos etc..

- Le Corbusier

Depois da tradicional arquitetura clássica da antiguidade, que inspirou artistas durante séculos principalmente na Europa, no século XX surgiu uma arquitetura que começou a fazer uso de formas puras da Geometria e a primeira abordagem nesse sentido foi chamada *Art Noveau*. Foi a partir daí que a questão da proporção passou a ser interpretada de forma mais particular. Um dos primeiros a propor um sistema de medição proporcionada foi o pintor e arquiteto francês Charles-Édouard Jeanneret, 1887 - 1965, mais conhecido como Le Corbusier.

Le Corbusier propôs um sistema de medidas para seus projetos arquitetônicos inteiramente baseado nas proporções humanas. Acreditava ele que seu sistema de medidas iria satisfazer tanto as exigências de beleza, por derivar da Proporção Áurea, quanto as exigências funcionais, pois também estava relacionado às medidas do homem, seu sistema recebeu o nome de *Modulor*, (módulo de ouro), figura a seguir. Para ele, seria um instrumento universal, pois uma vez que era baseado nas proporções do ser humano, seria de fácil execução e podia ser usado no mundo inteiro levando racionalidade e beleza.

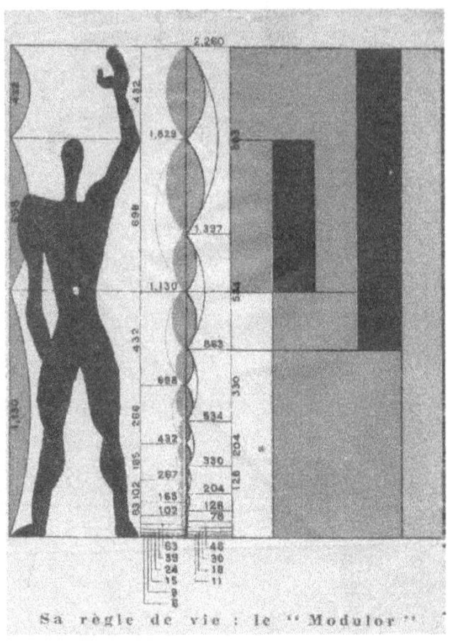

O Modulor, baseado nas proporções humanas.

O ponto de partida para o *Modulor* ou a estatura escolhida como padrão por Le Corbusier foi a estatura média do ser humano, 1,75 m, depois mudou para 1,83 m, dizem que baseado na estatura dos policiais ingleses. A concepção do modulor era para *conseguir uma medida harmônica para a escala humana, uma medida universal que poderia ser aplicada na arquitetura e na mecânica*; há ainda uma segunda citação que, sem dúvida, nos remete aos tempos de Pitágoras: *o homem é a medida de todas as coisas.*

O modulor, na realidade, nada mais é que uma tabela inspirada no número de ouro para uso da Arquitetura. Sua construção baseou-se em três medidas básicas, 43 cm, 70 cm e 113 cm. De imediato percebemos que $113 = 70 + 43$ e cuja razão é uma boa aproximação do número de ouro. Também é fácil verificar que 113 tem como secção áurea 70 e que 70 tem como secção áurea 43 que é igual a $113 - 70$. A secção áurea de 43 será 27 que é igual a $70 - 43$, e assim sucessivamente. Foi assim que Le Corbusier partindo do número 113 continuou, nos dois sentidos, construindo uma série de secções áureas a que chamou série vermelha:

$$4,\ 6,\ 10,\ 16,\ 27,\ 43,\ 70,\ 113, 183,\ 296$$

A estatura humana correspondia à medida de referência 183 cm. A medida que vai do solo ao umbigo seria de 113 cm, ao joelho 14 cm, e assim por diante. As medidas da série vermelha foram tomadas como base para o estudo das alturas das bancadas, cadeiras, mesas, balcões, janelas, muros, portas, tetos, etc.

O modulor foi fundamentado na Proporção Áurea, nos números de Fibonacci e nas proporções médias humanas e as aplicações dessas proporções podem ser vistas em diversos edifícios de Le Corbusier. Também trabalhou com espirais desenvolvidas a partir de retângulos de ouro e toda uma série de procedimentos matemáticos. Com essas atitudes conseguiu uma mudança de pensamento e criou novos rumos para os projetos de Arquitetura. O Modulor foi apresentado ao público na metade do século XX, seu sucesso foi responsável por uma nova publicação alguns anos depois.

A seguir, exemplos das várias medidas usadas por Le Corbusier em seu trabalho.

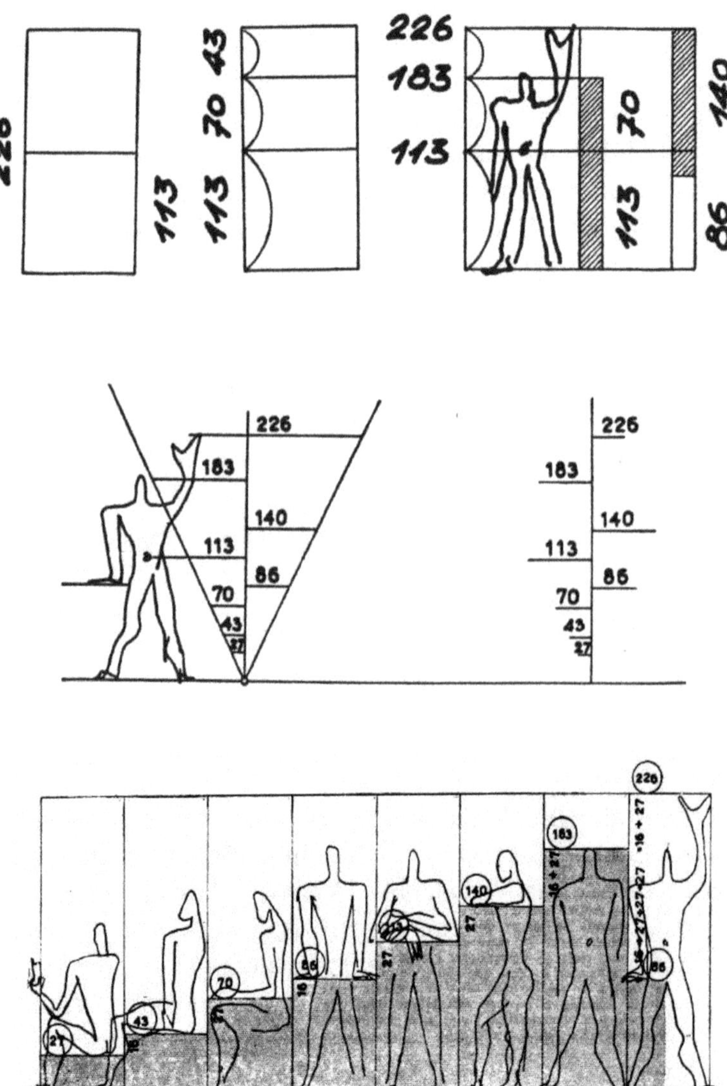

O arquiteto brasileiro Oscar Niemeyer - confesso seguidor de Le Corbusier - criou uma parceria de sucesso internacional sob orientação do arquiteto francês para projetar a sede do Ministério da Educação e Saúde, hoje palácio Gustavo Capanema, no Rio de Janeiro.

Os pintores e arquitetos modernos redescobriram as magias da Proporção Áurea, intuitivamente sabem que objetos com esta proporção são mais agradáveis esteticamente, e assim ela continua, mesmo sem percebermos, presente em incontáveis obras de arte e obras da construção civil.

Nem todos os povos se preocuparam em estudar as proporções do corpo humano para utilizá-las numa obra arquitetônica ou para representá-lo numa tela, exemplo desse tipo é a atitude do povo mulçumano, que por motivos religiosos não podem desenhar ou representar o corpo humano, assim restou a valorização dos padrões puramente geométricos. Daí a explicação da beleza enriquecida por detalhes geométricos em sua arquitetura. Estão presentes na cultura mulçumana padrões geométricos onde é valorizado principalmente a simetria. Os padrões geométricos são percebidos até nos caracteres do alfabeto arábico que podem ser classificados como verdadeiros desenhos decorativos.

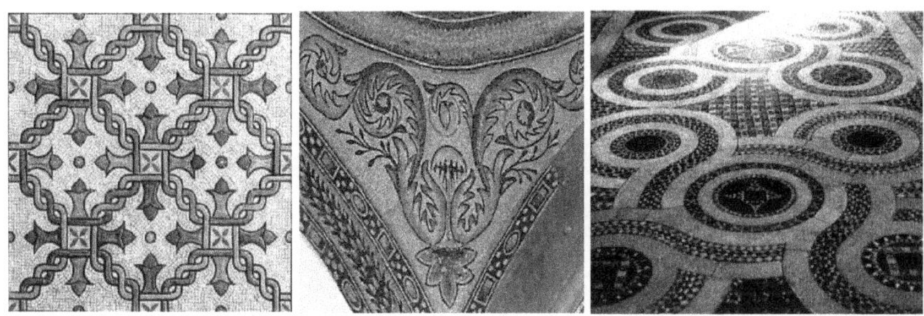

Exemplos de mosaicos geométricos, comuns à cultura mulçumana.

A Arte e a secção áurea

A beleza pertence a deus, cabendo à arte a tentativa de representá-la de forma fiel.
Platão

Não temos como datar quando e muito menos o momento exato que o homem começou a ter consciência do mundo à sua volta, mas é certo que foi a partir desse instante que passou a observar, perceber e comparar as diferentes formas de tudo que a Natureza lhe oferecia. Foi através dessas observações que, inconscientemente, as noções geométricas foram se formando, talvez pela noção de distância que envolve o conceito de reta; ao observar a Lua e o Sol, figuras geométricas que trazem o conceito de círculo ou circunferência; ou uma planície, cuja superfície sugere a noção de plano; ou ainda uma montanha, que envolve uma grande diversidade de curvas. São exemplos dessas observações os desenhos primitivos ou as pinturas rupestres. Essa evolução se deu exatamente como a evolução dos conceitos geométricos percebidos por uma criança atual. Ela, que sem conhecimento matemático, ao observar o mundo à sua volta, traça seus primeiros desenhos. Também, sem poder datar, mais tarde, e com certeza muito mais tarde, o homem passou a desenvolver de forma consciente os conceitos e definições que envolviam essas figuras, não só as que a Natureza lhe oferecia, mas aquelas criadas e desenvolvidas por ele mesmo, fossem por prazer ou por necessidade.

  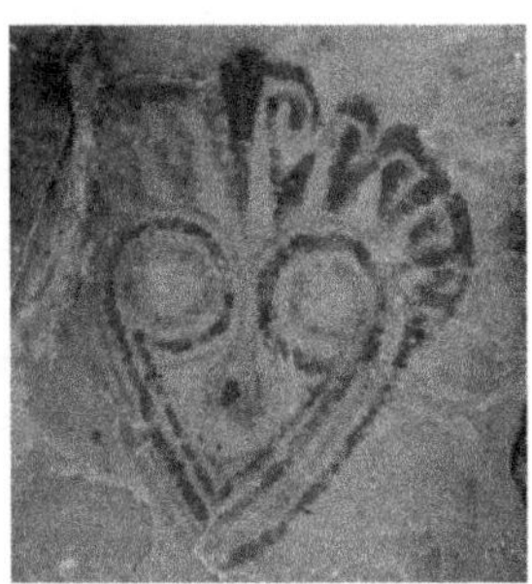

Pinturas rupestres onde encontramos retângulos, triângulos, círculos e outras curvas.

Os resultados muitas vezes eram corretos e outras tantas eram apenas aproximados, mas foi através destes resultados que o homem passou, não só, a dividir e delimitar terras[48], como também calcular áreas e volumes, e foi assim que um dia, a Geometria passou a ser desenvolvida sistematicamente até que num determinado momento atingiu o *status* de Ciência. Os mais antigos registros de uma atividade geométrica desenvolvida pelo homem datam de cerca de 3000 a.C. com os sumérios, os quais já possuíam regras gerais para o cálculo de áreas de retângulos, áreas de triângulos retângulos e isósceles; área do trapézio retângulo; sabiam também calcular o volume do paralelepípedo reto-retângulo; volume do cilindro reto; volume do prisma reto com base trapezoidal; a circunferência de um círculo era tomada como sendo três vezes o diâmetro e a área do círculo era como um doze avos da área do quadrado construído sobre um lado de comprimento igual à circunferência do círculo. Assim, calculavam o volume do cilindro reto multiplicando a área da base pela altura. Estes são apenas alguns exemplos da Geometria antiga.

Durante o Período Medieval[49], eruditos e religiosos estudavam Aritmética e Geometria, essas matérias faziam parte do currículo do ensino romano e eram ensinadas em escolas monásticas desde aproximadamente o ano 490. Talvez devido à passagem bíblica, "*Senhor, vós haveis tudo regrado com medida, número e peso.* (livro da sabedoria 2:20)" tornou-se um complemento necessário à teologia. A pintura medieval foi produzida, em

---

[48] Foi através desse ato que surgiu a palavra Geometria, *geo* = terra + *metria* = medida.

[49] Período histórico compreendido entre os séculos V, queda do Império Romano, e século XIV, início do Renascimento, este período também é chamado por muitos autores e historiadores de *Idade Média*.

sua maior parte na Europa e seus temas giravam em torno do cristianismo, um reflexo da sociedade da época, onde a maioria era cristã.

As pinturas desse período não tinham apenas a função de decorar e embelezar mosteiros e igrejas, em sua maioria retratavam passagens bíblicas e ensinamentos religiosos, precisavam revelar episódios do novo testamento e ensinar os princípios cristãos, assim como a arte dos vitrais das igrejas que também eram formas de ensinar a população um pouco mais sobre a religião. Para aqueles que podiam estudar, a educação era marcada pela influência da igreja onde era ensinado o latim, doutrinas religiosas e táticas de guerra. Assim, a escrita e a leitura eram artes que pouquíssimas pessoas conheciam, a maioria era analfabeta e a educação era privilégio de poucos, somente os filhos dos nobres tinham acesso[50]. Logo os pintores também tiveram que educar visualmente o olhar do homem através dessas imagens e dessas figuras.

A falta de relevo ou profundidade e o uso de símbolos para narrar histórias são características comuns nas pinturas do Período Medieval, as técnicas apuradas e conceitos - como perspectiva - não faziam parte dos interesses dos pintores. É fácil verificar nas figuras a seguir a falta de expressividade dos rostos, de proporções e de profundidade deixando a imagem chapada.

Pinturas e/ou desenhos medievais onde percebe-se a falta de expressividade nos rosto e nos gestos das figuras humanas e de realismo no tema em si.

Foi com o pintor italiano Giotto di Bondone (1266-1337), principal figura da escola florentina, que a Europa veio conhecer o conceito da perspectiva. Giotto criou um estilo realista que afastou definitivamente a

[50] Qualquer semelhança com o Brasil, é mera coincidência.

Europa da pintura medieval. Em suas dezenas de maravilhosas obras - na maioria temas religiosos - destaca-se a perfeição das figuras humanas, a expressividade dos rostos, os semblantes e os gestos dos personagens que destacam o desespero, a dor, a piedade, marcando definitivamente uma ruptura total com os modelos anteriores.

No Renascimento, graças a um conjunto de fatores, os pintores conseguiram através de suas novas técnicas e experiências, preparar o homem para olhar e compreender a nova Geometria, a Geometria *descritiva*.

As figuras a seguir mostram três trabalhos de Giotto que valem a pena conhecer.

Madonna com a criança

O beijo de Judas

Lamentação

Após o período greco-romano, mais precisamente na Renascença que a Proporção Áurea deixou de ser apenas um ente matemático e rumou de forma definitiva em direção às artes. Foi principalmente na pintura, que o homem pode exprimir as verdadeiras proporções do corpo humano e de tudo aquilo que tem vida. O homem renascentista descobriu, ou redescobriu, que a Proporção Áurea é um dos mais eficientes recursos para se alcançar por meio da proporcionalidade, a estética e a beleza. Mas não foi esta a única colaboração da Matemática nesse período, também de grande importância podemos destacar o conceito da perspectiva, pois através desse conceito o artista passou a representar o espaço tridimensional no espaço bidimensional, ou no plano. Com a união dessas duas novas técnicas, a magnífica arte da pintura deixou de ser apenas traços reunidos de forma quase que aleatória numa tela. Agora o tamanho das pessoas passou a ser proporcional à distância entre elas ou à posição que ocupavam na pintura, assim como tudo aquilo que era desenhado passou também a ter proporções coerentes com a realidade. Podemos dizer que os pintores desse período passaram a usar, em seus trabalhos, um método, digamos, cientifico, baseado na óptica Matemática.

O emprego de tais modelos matemáticos foi usado por vários artistas ao longo dos anos e ainda continua sendo usado até os nossos dias. Passou a ser bem conhecido pelos pintores renascentistas e foi amplamente divulgado e adotado em toda Europa.

No Brasil, a partir do movimento de nome Modernismo, a Proporção Áurea também passou a fazer parte da técnica usada na pintura, um ótimo exemplo é o trabalho de Cândido Portinari de 1935 de nome *O Café*.

Entre outros, um exemplo notável do uso de conceitos matemáticos em uma pintura é a obra *O batismo de Cristo,* do pintor e matemático italiano Piero della Francesca (1410 - 1492).

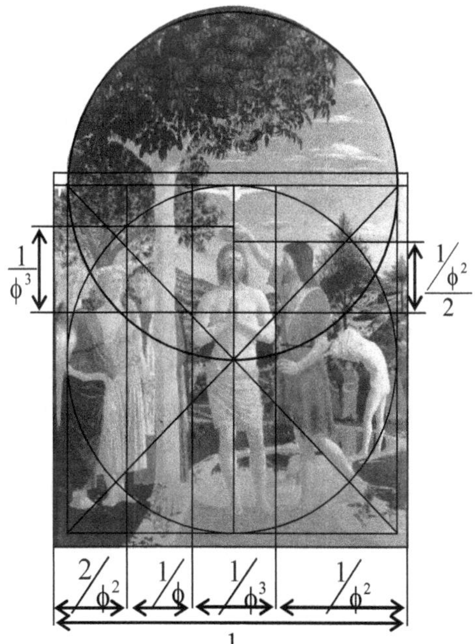

O *Batismo de Cristo* de Piero della Francesca.

Baseado no simbolismo geométrico da Proporção Áurea, o quadro *O batismo de Cristo*, tem a imagem principal contida num quadrado representando a Terra e num círculo dando forma ao céu. Neste trabalho, se atribuirmos ao lado do quadrado o valor 1 teremos o corpo de Cristo exatamente na área $1 \times \frac{1}{\phi^3}$ e sua altura será igual a $\frac{3}{\phi^3}$, o Espírito Santo representado na pintura pela pomba, localizada bem no centro do círculo, está contido exatamente na área $\frac{1}{\phi} \times \frac{1}{\phi^2}$. A mão de João Batista está a $\frac{1}{\phi^2}$ de distância do umbigo assim como a púbis de Cristo está a $\frac{1}{\phi^2}$ de distância dos pés.

Piero della Francesca era matemático e com sua genialidade deu grande contribuição à Renascença italiana. Ainda nesse quadro que retrata o batismo de Cristo por João Batista, momento em que o espírito de deus teria entrado no corpo terreno de Cristo, consegue eternizar um momento, conforme sua visão, utilizando-se da Matemática, ou mais especificamente da Geometria.

Responsável pelo início do Renascimento italiano e talvez seu maior expoente, Leonardo da Vinci chamava a Proporção Áurea de *divina proporção*, e a usou com maestria em muitos de seus trabalhos.

No quadro mais conhecido de Leonardo da Vinci, *Monalisa*, figura a seguir, é fácil verificar o emprego de vários retângulos áureos em torno de seu rosto e, subdividindo o retângulo que tem a linha dos olhos, como referência, novamente encontramos retângulos áureos. Em outro quadro, este inacabado, mas também de sua autoria, denominado *São Jerônimo* e pintado por volta de 1483, a figura principal está perfeitamente contida num retângulo áureo. Devido ao seu grande interesse pela Matemática é fácil encontrar em outros, de seus, trabalhos esse tipo proporção.

Monalisa, de Leonardo da Vinci obra renascentista, exemplo de proporções.

São Jerônimo – 1482 de Leonardo da Vinci

A espiral logarítmica - também conhecida por *espiral equiangular* - é encontrada na Natureza mais que qualquer outra curva. Unindo os pontos dos retângulos áureos formados pela série de Fibonacci, também obtemos a espiral logarítmica, ou seja, ela é igual à espiral áurea. Devido suas propriedades e sua beleza, não foi difícil para vários artistas aproveita-la em seus trabalhos.

Na figura a seguir vemos o esboço de *Leda e o cisne* de Leonardo da Vinci que, como sempre, usou de forma magistral a espiral logarítmica. Este procedimento foi repetido por ele em vários outros trabalhos.

Leda e o cisne de Leonardo da Vinci

À esquerda, *O sacramento da última ceia* de Salvador Dali foi pintado em um retângulo áureo. As figuras ajoelhadas à frente são responsáveis pela divisão áurea do retângulo maior. Parte de um dodecaedro pode ser vista acima dos personagens, (figura é formada por 12 pentágonos regulares). À direita, também de Salvador Dali, *Leda atômica*, onde percebemos com clareza a presença do retângulo áureo.

Por que a Proporção Áurea faz com que uma obra de arte se torne tão atraente e harmoniosa? Talvez por sua relação direta com as proporções do corpo humano, com o arquétipo de vários animais, com o crescimento vegetal enfim, com a Natureza num todo, não importa, mesmo sem ter uma resposta exata, ela passou a ser ensinada nas escolas de Belas Artes do mundo todo depois do Renascimento. A sua utilização deixou a pintura compreensível, harmoniosa e bela, despertando o desejo de todos que as observavam, não foi por acaso, pois os pintores sabiam intuitivamente que objetos com esta proporção eram mais agradáveis esteticamente. Com o decorrer do tempo, ficou claro para muitos artistas que, na pintura, o uso da Matemática por intermédio da Geometria, da Perspectiva e da Proporção Áurea, tinha grande importância, assim vários foram os pintores que a usaram em seus trabalhos, entre eles destacam-se: François Clouet, Albrecht Durer, Michelangelo, Jean Baptiste Simeon, Eugene Delacroix, Marie Clementine, Paul Gauguin, Edouard Vuillard entre outros.

A estética, que hoje estende-se à todas as áreas do conhecimento humano e não é privilégio apenas do homem atual, a busca pelo belo é comprovada em inúmeros desenhos ao longo da história. É através dela que se consegue em uma obra de arte, o equilíbrio, o aprazível, o agradável, e foi também através da estética que o homem conseguiu transmitir aquilo que o mundo lhe impunha, seu pensamento, e sua visão, enfim, tudo de forma equilibrada com a Natureza.

A Matemática está presente numa obra de arte através da estética e do equilíbrio, é por intermédio dela que conseguimos testemunhar esse grande encontro: Arte e Matemática e, quando ambas passam a fazer parte do ideal do artista, o mundo com sua visão particular, pode ser retratado de forma real, a outros e a si próprio.

Policleto (470 a.C. - 405 a.C.), escultor grego nascido em Argos, esculpiu, principalmente figuras de jovens atletas em bronze, das quais, infelizmente, nenhuma chegou aos dias atuais. *Dorífor* é considerada uma de suas obras primas, dela se conhece apenas réplicas romanas em mármore. O *Canon*, foi um trabalho teórico em que ele discutiu as proporções matemáticas ideais do corpo humano.

As criações dos grandes escultores gregos, que até hoje são consideradas padrões da beleza e da harmonia humana, em sua maioria, tinham como referência a Proporção Áurea para suas construções. A estátua de *Afrodite de Melos* (ou Vênus de Milo), é uma das mais conhecidas esculturas da Grécia Antiga. É considerada a peça mestre da beleza da mulher, sua data é estimada em ± 130 a.C. e seu artista não é conhecido, mas acredita-se que seja da autoria de Alexandros de Antióquia, tal qual *Dorifor*, é considerada a realização mais elevada do período clássico grego.

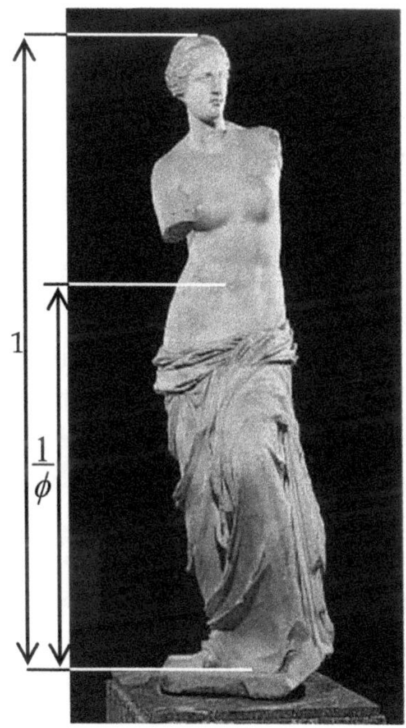

Afrodite

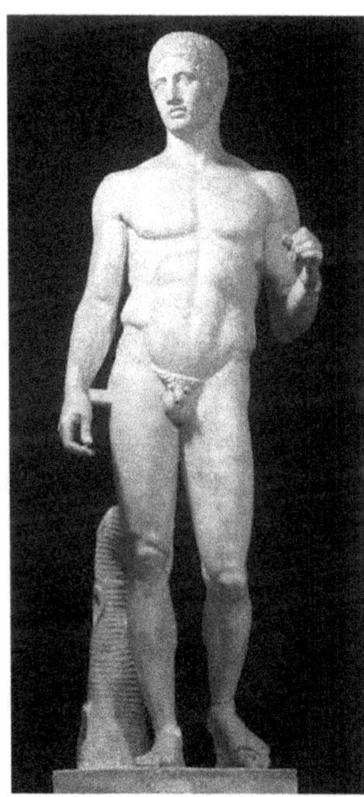

Dorifor

Poderia aqui escrever linhas e mais linhas, páginas e mais páginas sobre a íntima relação entre a arte e a Proporção Áurea, e ainda analisar obras e mais obras de vários pintores e escultores, mas este não é o objetivo. O importante é ter em mente que a relação entre Matemática e Arte existe e sempre existiu ao longo do tempo, só assim é possível explicar o realismo, a perfeição e *sentir* a beleza de um passado que ainda persiste presente.

Acima parte do teto da Capela Sistina que recebeu o nome *A criação de Adão*, a seguir a escultura *Davi*, ambas obras de Michelangelo.

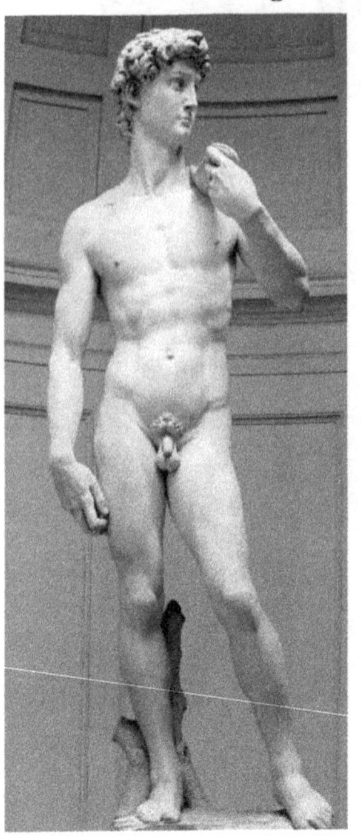

Michelangelo Buonarroti (1475 - 1564) pintor, escultor, poeta e arquiteto, italiano natural da cidade de Caprese também utilizou os conceitos da proporção áurea em seus trabalhos. Considerado um dos maiores nomes do Renascimento, estudou as esculturas e as concepções filosóficas da Grécia antiga e adotou seus ideais de beleza. De 1508 a 1512 pintou cenas do velho testamento no teto da Capela Sistina, no Vaticano, a coroa gloriosa do Renascimento. A escultura *Davi*, de sua autoria, é considerada um dos exemplos mais perfeitos da aplicação da Proporção Áurea.

A Música e os números de Fibonacci

A Música é um exercício de aritmética secreto e aquele que a ela se entrega às vezes ignora que maneja números.

Leibniz

- Conceitos básicos de Música

Poderíamos dizer que, Música é a arte de reunir, organizar e combinar sons, ou que, Música é um conjunto de sons que quando tocados juntos nos agrada, ou ainda uma definição mais filosófica, Música é um modo de expressar nossos vários sentimentos através de sons. Na realidade, todas essas definições estão corretas, mas bem sabemos nós que a definição de Música está muito além de palavras, ela envolve sentimentos, imagens, lembranças, ela nos entristece, nos alegra, nos faz chorar, enfim transmite as mais diversas sensações.

Tecnicamente a Música é formada por sons que foram chamados de notas musicais e compõem a matéria-prima principal da Música. São sons absorvidos e selecionados pelo homem e todos eles receberam nomes e obedecem a uma escala formada em função de suas características. Neste capítulo o leitor vai ter a oportunidade de verificar que algumas relações sonoras estão de certa forma, ligadas aos números de Fibonacci. Para tanto, vejamos algumas definições importantes começando com as características do som.

As qualidades fisiológicas do som são compostas por quatro elementos fundamentais:

- *Duração* é o tempo de duração do som
- *Intensidade* determina se o som é fraco ou forte
- *Altura* determina se o som é grave ou agudo
- *Timbre* é a propriedade que nos permite distinguir sons semelhantes produzidos por fontes sonoras diferentes

Os sons musicais são chamados de *tons* e são produzidos por vibrações, quando essas vibrações são *lentas* produzem tons baixos ou *graves* e quando são *rápidas* produzem tons altos ou *agudos*. O número de vibrações por segundo é chamado *frequência*.

Ao conjunto de tons musicais ordenados em função de sua altura, ou de sua frequência, dá-se o nome de *escala*. Dentro da escala recebe o nome de *oitava* o conjunto de 12 notas existentes entre uma nota e sua primeira repetição, para o grave ou agudo incluindo os semi-tons. Num teclado de piano a distância sonora entre as teclas brancas é de um tom[51]; e entre as teclas brancas e pretas é de *meio tom* ou um *semitom*, estes chamam-se *bemóis*, abaixamento de um semitom, ou *sustenidos* elevação de um semitom. Quando três ou mais notas são tocadas juntas este som recebe o nome de *acorde*.

Num teclado de piano, entre uma nota qualquer e sua repetição ou sua oitava, encontramos 13 teclas, 8 brancas e 5 pretas dispostas em grupos de 2 e 3 sendo que a 13ª já é a repetição dela mesma só que oitavada, ou seja, somada às 12 notas anteriores. Aqui já temos a presença dos números de Fibonacci.

---

[51] Com exceção dos intervalos das notas *mi – fá* e *si – do,* cujo intervalo é de meio tom.

Ao conjunto de treze teclas ou treze notas foi dado o nome de *escala cromática*, ao de oito teclas ou oito notas *escala diatônica* e ao de cinco notas *escala pentatônica*. Todas essas escalas, nada mais são que maneiras diferentes de dividir o mesmo intervalo musical de uma oitava.

No desenho a seguir temos parte de um teclado de piano, onde as letras *C, D, E, F, G, A* e *B*, correspondem respectivamente às notas *dó, ré, mi fá, sol, lá* e *si*.

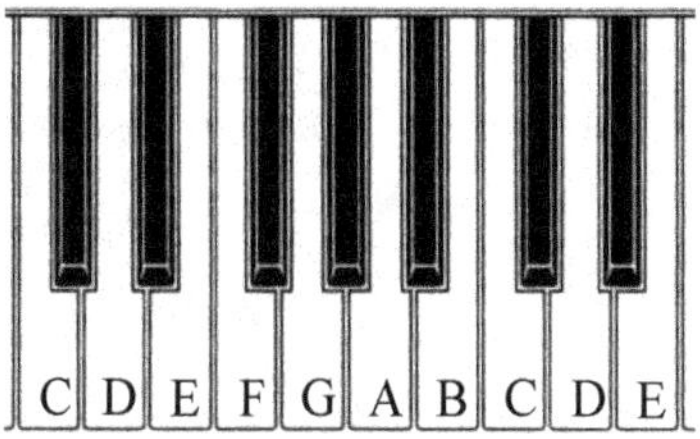

C D E F G A B C D E

É interessante saber os nomes dessas notas musicais, usados há mil anos no mundo ocidental, e cuja origem foi no século X. Elas foram criadas por um monge, Guido D'Arezzo, que usou as primeiras sílabas dos versos da primeira estrofe do hino em latim dedicado à São João Batista, (à direita sua tradução):

UT queant laxis -	Dó	Para que nós, servos, com nitidez
REsonare fibris -	Ré	e língua desimpedida,
MIra gestorum -	Mi	o milagre e a força dos teus feitos
FAmuli tuorum -	Fá	elogiemos,
SOLve polluti -	Sol	tira-nos a grave culpa
LAbii reatum -	Lá	da língua manchada
Sancte **J**ohanes -	Si	São João...

Como o *ut* dificultava o solfejo[52] por terminar em consoante, em 1640, foi substituído por *dó* pelo maestro italiano Giovanni Battista <u>Do</u>ni, que numa justa homenagem a ele mesmo, usou a primeira silaba de seu

[52] Ato de entoar um trecho musical pronunciando o nome das notas e dando a cada uma seu valor e a sua acentuação de acordo com as indicações do compasso e do ritmo.

sobrenome. O *si* é constituído pelas letras iniciais latinas de *S*ancte *J*ohanes ou São João - onde o *j* lia-se como *i*. Estes nomes são usados nos países de língua latina, já nos países de língua inglesa os nomes usados são *C, D, E, F, G, A,* e *B*.

Fica óbvio que um ente físico com estas características tem na Matemática seu parceiro inseparável, e esta relação é histórica, vem desde os tempos dos gregos. Foi Pitágoras o grande responsável pela criação desta parceria Música-Matemática. Os gregos antigos descobriram que cordas com diferentes comprimentos quando esticadas produziam sons diferentes, as maiores produziam sons graves e as menores sons agudos. Pitágoras verificou que uma corda ao vibrar produz uma nota básica ou o som fundamental, descobriu também que quando uma corda que está vibrando tem seu tamanho reduzido à metade, seu som fica mais alto exatamente uma oitava acima.

E foi assim que tudo começou. Agora bastava uma caixa de ressonância e uma corda esticada para que se pudessem criar os primeiros sons ordenados e, quem sabe, uma Música. Partindo desses princípios matemáticos, Pitágoras não demorou a criar um instrumento chamado monocórdio[53] para suas experiências. Os sons obtidos por ele depois deram origem à lira, ao alaúde, ao cravo, ao violão, ao piano, ao órgão de tubo e também, aos instrumentos de sopro, que funcionam segundo o mesmo princípio, mas ao invés de uma corda, possuem uma coluna de ar que vibra. A Música e a Matemática aparecem até na reprodução celular, mas, isso é outra história.

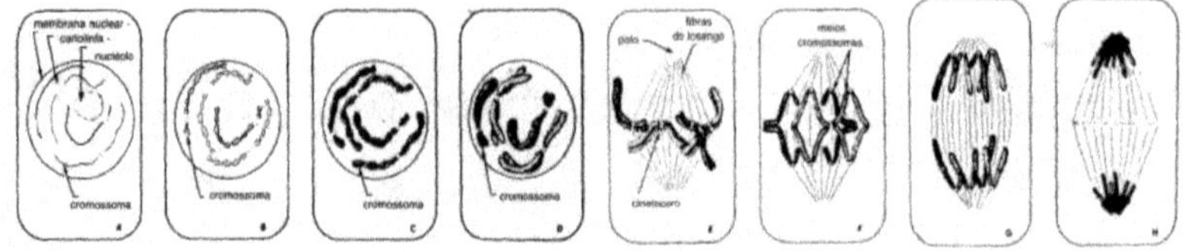

A reprodução celular é composta de um ciclo de mudanças com oito fases e sete intervalos, análogos à oitava musical, ou ao espectro da luz.

[53] Instrumento musical de uma corda só que se apóia em dois cavaletes móveis, ao deslocá-lo permitia dividir a corda em segmentos na razão que se desejasse, obtendo assim as relações entre as diferentes vibrações sonoras.

- Escala diatônica e escala temperada

Pitágoras encontrou uma relação entre a harmonia musical e a Matemática, cordas com mesma tensão e diferentes comprimentos dão notas em intervalos de oitava[54].

Sendo a frequência o número de vibrações por segundo de uma corda, fica fácil verificar que sua relação com o comprimento da corda é inversa, ou seja, se a proporção entre os comprimentos de duas cordas é $\frac{3}{2}$ a proporção entre as suas frequências será $\frac{2}{3}$.

Depois que Pitágoras descobriu a relação 2:1 do som fundamental com sua oitava verificou também que quando a corda é tocada em $\frac{2}{3}$ de seu comprimento, o som é uma quinta mais alto, em 3:4 uma quarta mais alto. Então criou sua escala baseado na superposição de quintas (e suas inversões, as quartas). Partindo do intervalo de oitava dado pelas frequências f e $2.f$ pode-se formar a escala pitagórica da seguinte maneira:

Tomando-se *dó* como frequência de referência igual a 1 e subindo uma quinta que é *sol* obtemos $1.\frac{3}{2}=\frac{3}{2}$.

Subindo uma quarta de *dó* temos *fá*, $1.\frac{4}{3}=\frac{4}{3}$

Baixando-se uma quarta a partir de *sol* chega-se a *ré* $\frac{3/2}{4/3}=\frac{9}{8}$

Quinta acima de *ré* temos *lá*: $\frac{9}{8}.\frac{3}{2}=\frac{27}{16}$

---

54 Uma oitava entre duas notas do mesmo nome produz uma razão de $2:1$ na frequência, por exemplo, em uma oitava superior o número de vibrações é exatamente o dobro do som fundamental, o mesmo conceito se aplica para os intervalos de quinta, na razão de $3:2$, e em intervalos de quartas na razão de $4:3$.

Quarta abaixo de *lá* temos *mi*: $\frac{27/16}{4/3} = \frac{81}{64}$

Quinta acima de *mi* temos *si*: $\frac{81}{64} \cdot \frac{3}{2} = \frac{243}{128}$

O intervalo entre *fá* e *mi* é dado por $\frac{4/3}{81/64} = \frac{256}{243}$

O intervalo entre *mi* e *ré* é dado por $\frac{81/64}{9/8} = \frac{9}{8}$

Como mostra o esquema a seguir, se calcularmos os intervalos entre todas as alturas da escala teremos apenas dois valores, daí o nome *escala diatônica*:

$\frac{9}{8}$ O tom pitagórico diatônico.

$\frac{256}{243}$ O semitom pitagórico diatônico.

Intervalos entre notas		$\frac{9}{8}$		$\frac{9}{8}$		$\frac{256}{243}$		$\frac{9}{8}$		$\frac{9}{8}$		$\frac{9}{8}$		$\frac{256}{243}$	
Notas musicais	*dó*		*ré*		*mi*		*fá*		*sol*		*lá*		*si*		*dó*
	1		$\frac{9}{8}$		$\frac{81}{64}$		$\frac{4}{3}$		$\frac{3}{2}$		$\frac{27}{16}$		$\frac{243}{128}$		2

Contando com os cinco semitons, que podem ser calculados, a escala de Pitágoras era composta de 12 notas. Mas como podemos perceber, os intervalos desta escala não são constantes, e o semitom pitagórico depois de multiplicado 12 vezes por ele mesmo, não dava como resultado o número dois.

A solução do problema de Pitágoras consistia em encontrar um número ou uma razão r correspondente ao intervalo de um semitom que após multiplicar 12 vezes uma frequência inicial correspondente a uma determinada nota, atingisse a sua oitava referente ao dobro da frequência inicial, ou melhor, adotar uma escala com doze semitons igualmente distribuídos pela oitava. A esta nova escala foi dado o nome de *escala temperada*, e nela o intervalo entre *dó* e *dó#* é o mesmo entre *dó#* e *ré*, e assim por diante. Tiveram participação na criação desta nova escala os matemáticos Euler e D'Alembert e o compositor Johann Sebastian Bach. Matematicamente precisamos ter:

$$r^{12} = \frac{2}{1} \Rightarrow \qquad r = \sqrt[12]{2} = 1{,}05946$$

Esse é o valor do intervalo de um semitom temperado, e dele podemos generalizar o cálculo para qualquer outro intervalo da escala temperada usando a expressão $r_n = \sqrt[12]{2^n}$, onde n é o número de semitons contido no intervalo. Por exemplo, para calcular a frequência de um *mi* quinta acima (7 semitons), a partir de um *lá* de 440 Hz temos:

$$f_{mi} = f_{lá}.\sqrt[12]{2^7} \Rightarrow \qquad f_{mi} = 440 \text{ x } 1{,}498 = 659{,}25 \ Hz$$

Na realidade este cálculo nos leva a uma progressão geométrica de razão 1,05946, cujo primeiro termo é 1 e através de sucessivas multiplicações pela razão consegue-se o último termo 2. Na tabela a seguir temos a razão intervalar seguida do número de semitons.

$a_1 = 1$	0
$a_2 = 1{,}0594$	1
$a_3 = 1{,}1224$	2
$a_4 = 1{,}1892$	3
$a_5 = 1{,}2599$	4
$a_6 = 1{,}3348$	5
$a_7 = 1{,}4142$	6
$a_8 = 1{,}4983$	7
$a_9 = 1{,}5874$	8
$a_{10} = 1{,}6817$	9

$a_{11} = 17817$ 10

$a_{12} = 1{,}8877$ 11

$a_{13} = 2$ 12

Estes 13 termos representam a taxa de crescimento das frequências das notas da escala musical temperada com doze intervalos compondo uma oitava. Agora basta escolher a frequência de uma determinada nota e multiplicá-la pelo fator da tabela para conseguir a frequência de todas as outras notas até a sua oitava acima.

Assim a partir da frequência padrão da nota *lá* com frequência de 440 Hz, podemos obter as frequências das outras notas até a oitava da nota *lá*.

lá = 440 *Hz*

lá# = 440 x 1,0594 = 466,16 *Hz*

si = 440 x 1,1224 = 493,85 *Hz*

dó = 440 x 1,1892 = 523,24 *Hz*

dó# = 440 x 1,2599 = 554,35 *Hz*

ré = 440 x 1,3348 = 587,31 *Hz*

ré# = 440 x 1,4142 = 622,24 *Hz*

mi = 440 x 1,4983 = 659,25 *Hz*

fá = 440 x 1,5874 = 698,45 *Hz*

fá# = 440 x 1,6817 = 739,94 *Hz*

sól = 440 x 1,7817 = 783,94 *Hz*

sól# = 440 x 1,8877 = 830,58 *Hz*

lá = 880 *Hz*

Para obter as outras oitavas, acima, basta continuar a multiplicar pela razão, já para as oitavas abaixo, é necessário dividir pela mesma razão.

- As notas musicais e os números de Fibonacci

A criação da escala temperada foi um dos fatores responsáveis pelo grande progresso na estética musical não só pela versatilidade de execução da Música, mas talvez por estar conforme a proporção secreta usada pelos artistas da Grécia antiga. A tabela a seguir mostra a relação das frequências musicais com os números de Fibonacci.

Os números negativos entre parênteses indicam que as respectivas relações musicais são consideradas no sentido descendente da escala (abaixo) e vice-versa.

Relação de Fibonacci	Frequência calculada	Frequência temperada	Nota musical	Relação musical
$\frac{1}{1}$	440	440	*lá*	raiz
$\frac{2}{1}$	880	880	*lá*	oitava justa
$\frac{2}{3}$	293,33	293,66	*ré*	quinta justa (-1)
$\frac{2}{5}$	176	174,62	*fá*	décima (-2)
$\frac{3}{2}$	660	659,26	*mi*	quinta justa
$\frac{3}{5}$	264	261,63	*dó*	sexta maior (-1)
$\frac{3}{8}$	165	164,82	*mi*	décima primeira (-2)
$\frac{5}{2}$	1.100	1168,72	*dó#*	décima (1)
$\frac{5}{3}$	733,33	740	*fá#*	sexta maior
$\frac{5}{8}$	275	277,18	*dó#*	sexta menor (-1)
$\frac{8}{3}$	1.173,33	1.174,64	*ré*	quarta justa (1)
$\frac{8}{5}$	704	698,46	*fá*	sexta justa

Com relação à tabela anterior, uma descoberta surpreendente feita por meu ex-professor de Física, Sr. Francisco, a sequência de notas musicais ali mostradas, quando tocadas dentro de uma única oitava, gera uma melodia dentro do modo dórico. Então aqui fica lançado um desafio ao *leitor músico* para procurar os demais modos gregos no restante da sequência de Fibonacci.

Alguns instrumentos musicais como o famoso violino Stradivarius, tem sua construção baseada no número de ouro ou na proporção áurea. Ele foi usado para calcular a colocação exata das fendas conhecidas como os *ouvidos* do instrumento.

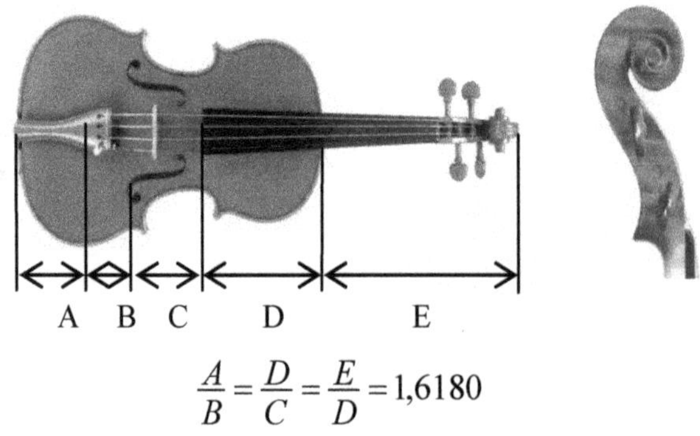

$$\frac{A}{B} = \frac{D}{C} = \frac{E}{D} = 1{,}6180$$

Normalmente a segunda parte, ou segunda metade, de um evento qualquer parece-nos ser mais lenta, mais cansativa que a primeira. Para evitar este tipo de sensação, hoje é comum eventos terem as partes, inicial e final, divididas em 60% e 40% do tempo total, respectivamente.

Grandes compositores como Palestrina, Bach, Mozart, Beethoven, Debussy, Schubert, Bela Bartók, fizeram uso da Proporção Áurea em seus trabalhos.

No primeiro movimento da quinta sinfonia de Beethoven encontramos a primeira e a segunda partes divididas pela Proporção Áurea. Também o último movimento da nona Sinfonia possui 940 compassos e as variações evoluem de forma que, no compasso 580, que pode ser chamado momento áureo (940 x 0,618), o tema principal seja novamente apresentado na sua forma simples e original pelo coro completo. Depois a Música toma uma forma totalmente diferente, incluindo instrumentos como três trombones e um contra-fagote, que volta, após longo silêncio.

- Kepler e os números de Fibonacci

Johannes Kepler (1571 - 1630), matemático e astrônomo alemão, viveu numa época em que o ser humano estava limitado, a mente acorrentada, e anjos, demônios e esferas de cristal eram imaginados no céu. À Ciência ainda faltava a menor noção das leis físicas naturais, porém, o esforço corajoso e solitário desse homem trouxe a centelha que culminaria com a revolução científica moderna. Seu pai um mercenário mal sucedido na vida, abandonou a família muito cedo e sua mãe seria mais tarde julgada por feitiçaria. Apesar de Kepler apresentar habilidade e curiosidade de um gênio da Matemática, não parecia ser a pessoa mais indicada para responder a alguém sobre os problemas fundamentais do Universo.

Kepler publicou basicamente três trabalhos durante sua vida, *Astronomia Nova, Sommiun* e *Harmonia do Mundo* ou *Harmonice Mundi* em 1618. Este era dividido em quatro partes: harmonia em Matemática, Música, Astrologia e uma parte para Astronomia. O título foi dado para justificar o pensamento de que existia uma relação entre as velocidades afélicas (menor) e periélicas (maior), isto é, segundo Kepler, as velocidades extremas de cada planeta produziam uma harmonia em sentido musical.

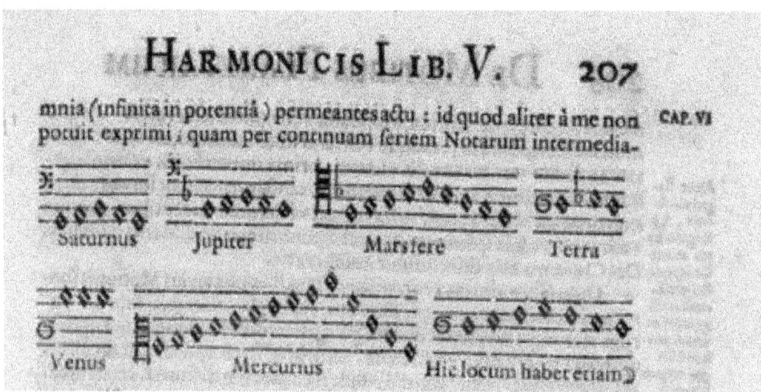
HARMONICIS LIB. V. 207

mnia (infinita in potentiâ) permeantes actu : id quod aliter à me non potuit exprimi ; quam per continuam seriem Notarum intermedia- CAP. VI

Escala musical dos planetas encontrada no Harmonia do Mundo de Kepler.

Assim Marte vibra em uma quinta; Saturno, em terça maior (4:5); Júpiter, em terça menor (5:6); e assim por diante. Essa Música celeste, também segundo Kepler, era ouvida somente pelo Sol, o maestro, que regia uma sinfonia cósmica, fazendo ecoar a Música das esferas, já ouvida por Pitágoras[55].

Com relação à Proporção Áurea, além de encará-la como algo divino, Kepler a estudou e procurou utilizá-la em seus trabalhos. Demonstrou que, se um triângulo retângulo tem hipotenusa dividida em média e extrema razão pela altura, seu cateto menor será igual ao segmento maior da hipotenusa dividida.

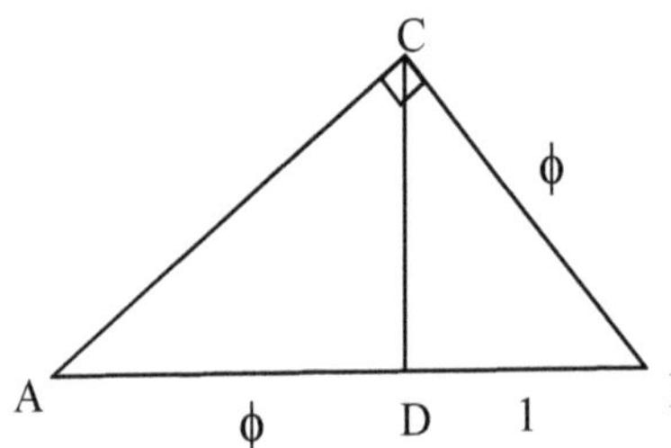

Da relação $BC^2 = AB.BD$ temos que:

$BC^2 = (\phi + 1).1 \Rightarrow \quad BC^2 = \phi + 1$

Como já sabemos que $\phi^2 = \phi + 1$

Logo $\underline{\underline{BC = \phi}}$.

Kepler, mesmo sem provar, descobriu que a razão entre dois termos consecutivos da série de Fibonacci converge ao número de ouro além de outra propriedade interessante: o quadrado de qualquer termo difere de uma unidade do produto dos dois termos adjacentes da sequência.

1, 1, 2, 3, 5, 8 13, 21, 34, 55, 89, 144, 233...

$$3^2 = 9 \Rightarrow (2 \text{ x } 5) - 1$$

$$5^2 = 25 \Rightarrow (3 \text{ x } 8) + 1$$

$$8^2 = 64 \Rightarrow (5 \text{ x } 13) - 1$$

$$\vdots \quad \vdots \quad \vdots$$

Essa propriedade dos números de Fibonacci levou Sam Loyde (1841 - 1911) a criar um quebra-cabeça geométrico onde mostra que $64 = 65$ da seguinte forma. Seja o quadrado de lado igual a 8 unidades conforme figura I a seguir.

---

55 Tomando dó como nota fundamental, obtemos para Marte Sol e para Saturno Mi. É interessante ressaltar que o acorde *dó-mi-sol* durante a idade média, era considerado a representação sonora da Santíssima Trindade. E para a felicidade de Kepler, ele conseguiu conciliar a Música das Esferas, com um dos importantes dogmas do cristianismo.

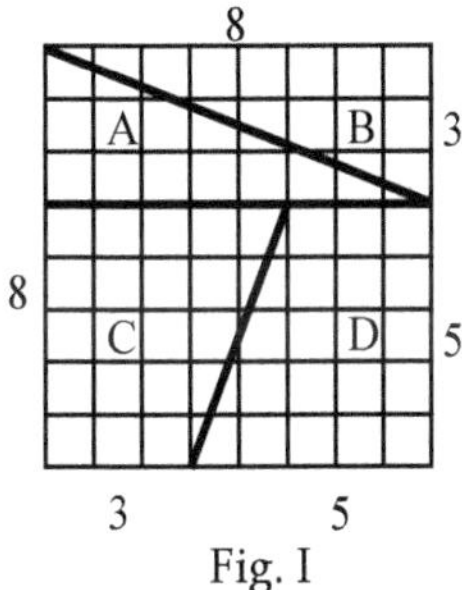

Fig. I

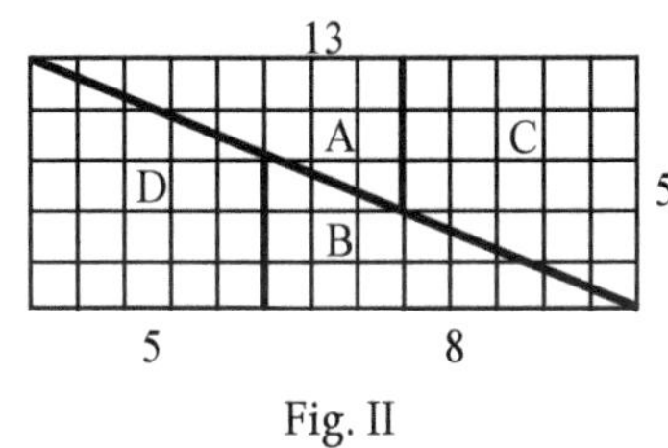

Fig. II

Seja o quadrado da figura I onde o lado mede 8 cm e cuja área vale $8 \times 8 = 64\,\text{cm}^2$. Vamos cortá-lo segundo as linhas escuras e reagrupar os pedaços obtidos de forma a compor o retângulo mostrado na figura II, um retângulo muito suspeito, diga-se de passagem. É nesta figura que acontece algo interessante, o novo retângulo de lados $5\,\text{cm}$ e 13 cm possui área igual a $5 \times 13 = 65\,\text{cm}^2$. Este fato geométrico nos mostra que $64 = 65$, e agora? Só nos resta uma saída: não acreditar em tudo que vemos, pois muitas vezes as aparências enganam.

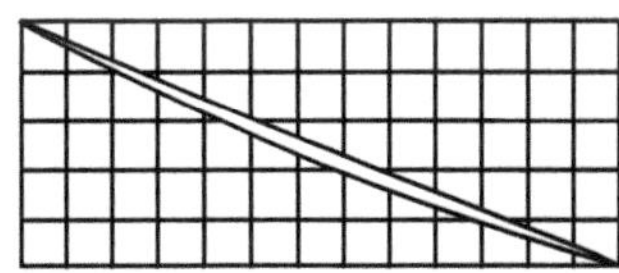

Na realidade, os dois pseudos triângulos retângulos finais, figura acima, não chegam a encaixar-se completamente da maneira que nossos olhos enxergam. Ainda resta entre eles um paralelogramo alongado cuja área é exatamente $1\,\text{cm}^2$, esta demonstração não é difícil, pois os ângulos não somam exatamente $90°$.

Kepler, que era apaixonado por números e por formas geométricas, além de ser pitagórico confesso, uma vez que, ao escrever a Galileu, citou Pitágoras e Platão como *nossos verdadeiros preceptores*, lembrou-se dos sólidos perfeitos de Pitágoras e de todas as formas tridimensionais. Cinco e somente cinco tinham polígonos regulares em suas faces, então passou a acreditar que havia uma ligação entre os sólidos e os planetas, e a razão de existir somente seis planetas é que havia somente cinco sólidos regulares. Kepler achava que o heliocentrismo de Copérnico trazia algo mais que uma simples teoria. Se ele conseguisse libertar o trabalho de Copérnico das raízes ptolomaicas que ainda nele remanesciam poderia, com certeza, vislumbrar um novo Universo, ordenado, compreensível e harmônico, um Universo que para ele deveria refletir a mente de deus.

Os sólidos regulares de Pitágoras foram encaixados por Kepler um dentro do outro: cubo no interior de uma esfera, outra esfera dentro do cubo, um tetraedro dentro da esfera e assim por diante. As seis esferas então deveriam ter as mesmas razões de raios que as razões das órbitas dos seis planetas.

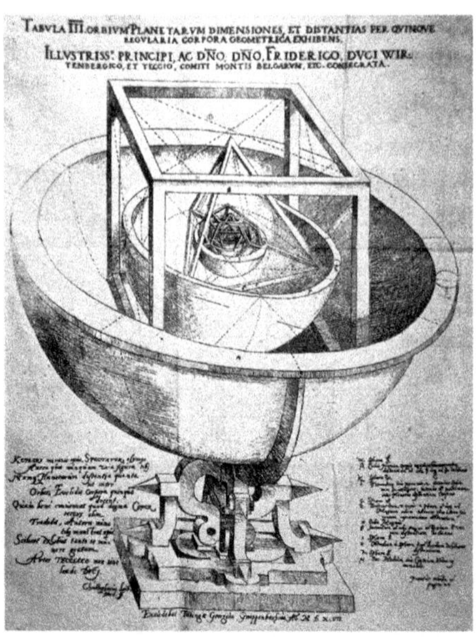

Detalhe que mostra as esferas de Marte, Terra, Vênus e Mercúrio com o Sol ao centro. Seu livro *Harmonia do mundo*, publicado em 1596, traz o diagrama geométrico de sua teoria. Existe algo de interessante em relação a este diagrama. Ele data de 1597, um ano depois da publicação do livro, então, aparentemente, revela que não estava pronto quando o livro foi publicado, e só depois a ele foi anexado.

Kepler ficou, então, absolutamente convencido de ter descoberto o segredo da estrutura do Universo, a ligação entre a Astronomia e a Geometria para ele só teria uma explicação: a mão de um deus matemático. Dizia ele:

O prazer intenso que derivei desta descoberta não pode ser descrito em palavras e agora o trabalho não me cansa mais. Penso dias e noites em esforços matemáticos para ver se minha hipótese confirma as órbitas de Copérnico, ou se minha alegria desaparece por completo.

Mas por mais que tentasse, os sólidos perfeitos e as órbitas não entravam num acordo. Kepler então perguntava, *por que não dá certo*? E o motivo era um só: infelizmente para Kepler, estava tudo errado. A Astronomia moderna, aliada à descoberta de Urano, Netuno e Plutão, nos assegura que os formatos das órbitas em nada têm a ver com os cinco sólidos perfeitos, mas Kepler passou o resto de sua vida perseguindo esse fantasma geométrico.

Kepler estudou e utilizou a Proporção Áurea em vários pontos no seu livro *Harmonia do Mundo;* verificou sua presença no arranjo das pétalas de flores; no corpo humano; nos animais e acreditava que ela serviu como ferramenta fundamental para deus criar o Universo. Mostra desse pensamento está no texto escrito por ele:

A peculiaridade da divina proporção consiste no fato de que uma proporção similar pode ser construída fora da parte maior e do todo; e o que antes era a parte maior torna-se agora a menor e o que antes era o todo, agora é a parte maior e a soma destas duas agora tem a proporção do todo. Isto vai indefinidamente; e a divina proporção continua a mesma. Eu acredito que esta proporção geométrica serviu como ideia para o criador quando ele introduziu a criação da semelhança que continua indefinidamente. Eu vejo o número cinco em quase todas as flores que mais tarde vão dar frutos...

...Agora vejo como a imagem do homem e da mulher originam-se da divina proporção. Em minha opinião, a propagação das plantas e a procriação dos animais estão na mesma proporção geométrica, ou a proporção representada por linhas e segmentos...

A Natureza

Não há na Natureza, nada que seja tão pequeno ou insignificante que não mereça ser visto pelo olho da Geometria: há sim, uma agradável Geometria das criações da Natureza. Dificilmente encontraremos algo que não se possa relacionar com a Geometria.

Leonardo da Vinci

A proposta deste capítulo é fazer uma pequena abordagem sobre a relação lógica que existe entre alguns fenômenos naturais, exclusivamente de natureza inorgânica, e a Matemática, ou mais especificamente, com os números de Fibonacci.

A Natureza está repleta de padrões e regras organizadas originalmente. Não se sabe exatamente quando, mas num determinado momento, o homem percebeu que seria possível compreender estes padrões, que ele próprio denominou *Leis da Natureza.* Apesar de ainda ser um mistério, a própria vida, em termos gerais, evoluiu segundo leis e padrões bem elaborados e complexos. Poderíamos até chamar essas leis de *Música da Vida*, cuja partitura, ainda não nos é possível compreender, logo não podemos executá-la por completo.

Podemos ir para qualquer lugar, mas os padrões da Natureza sempre nos acompanharão, sempre serão os mesmos, sempre as mesmas leis físicas, sempre as mesmas formas. A Natureza possui uma Matemática própria, compreensível, mas mantida em segredo por ela mesma, cabendo ao homem por meio de uma investigação sistemática tentar desvendá-la.

É surpreendente como determinados fenômenos naturais estão relacionados à certas sequências numéricas ou leis físicas já conhecidas. Este trabalho talvez seja o maior exemplo, lembremos de Pitágoras com sua corda vibrando, diminuindo o comprimento da corda pela metade obtém-se o dobro de vibrações, assim sucessivas metades de corda geram sucessivos dobros de frequência, ou seja, damos à Natureza uma progressão geométrica de razão $\frac{1}{2}$ e ela nos responde gerando outra progressão geométrica de razão 2. Vejam dois exemplos que apesar de não estarem diretamente relacionados ao nosso assunto, são simples, fabulosos e complementam o que foi dito:

O italiano Galileu Galilei descobriu que um corpo em queda livre segue a seguinte situação: a distância total caída após o primeiro intervalo de tempo é de uma unidade de distância, no segundo intervalo são de quatro unidades de distância e assim sucessivamente. Em outras palavras, a distância total caída em cada intervalo de tempo é de 1, 4, 9, 16, 25... Esses números são claramente quadrados perfeitos, assim o tempo de queda é proporcional ao quadrado da distância.

Recentemente, ao ler um livro, encontrei a seguinte informação: o professor Hans-Henrik, geólogo da Universidade de Cambridge, ao estudar a relação entre o comprimento de um rio, da nascente até a foz, e seu comprimento em linha reta, achou um valor médio pouco acima de 3, agora, adivinhe o leitor para qual valor tende essa relação? Exatamente, o número π, tão arduamente procurado e calculado por Arquimedes. Embora a taxa varie de rio para rio, o valor médio dela é 3,14, dependendo quase que exclusivamente do relevo, ou seja, quanto mais plano, maior a aproximação, o rio Amazonas no Brasil é um grande exemplo.

Portanto podemos concluir que existe uma unidade básica dentro das muitas diversidades da Natureza, e este tipo de fenômeno há muito o homem percebeu, logo não é de se admirar que culturas antigas atribuíssem a essa unidade uma divindade ou um ser superior universal. Vejamos alguns exemplos.

- A reflexão da luz e o número ϕ

Consideremos um simples estudo de óptica no qual procura-se o número de reflexões de um raio de luz quando este incide em duas placas de vidro montados face a face com índices de refração diferentes. Vejamos quantos caminhos e o número de reflexões possíveis de um raio de luz nestes diferentes percursos.

- Número de reflexões: 0 Número de caminhos: 1

- Número de reflexões: 1 Número de caminhos: 2

- Número de reflexões: 2 Número de caminhos: 3

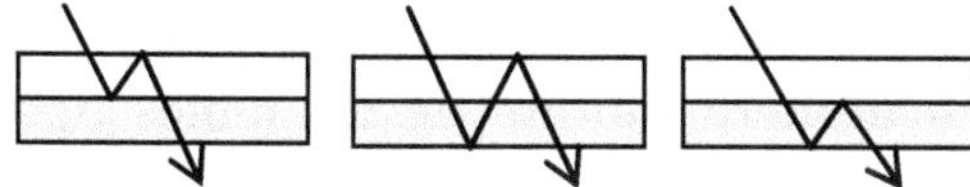

- Número de reflexões: 3 Número de caminhos: 5

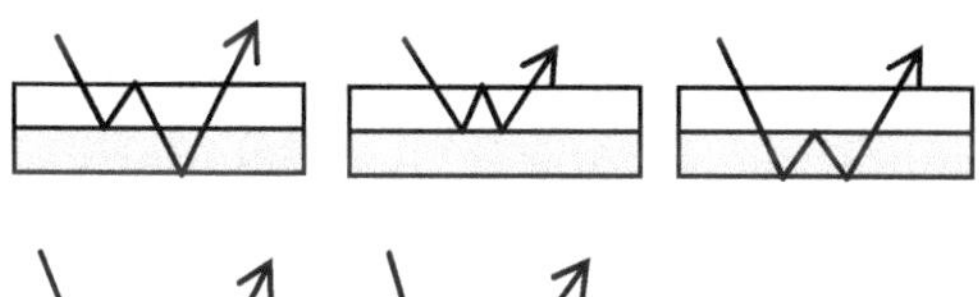

- Número de reflexões: 4 Número de caminhos: 8

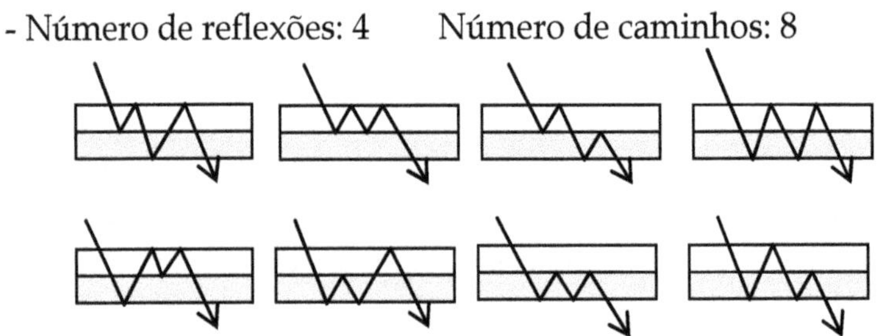

Para um número de reflexões igual a 5, obtemos 13 caminhos distintos, experiência que o leitor pode facilmente comprovar. Além desse ponto, prognósticos podem ser feitos e confirmam que ao aumentar o número de reflexões, o número de caminhos aumenta seguindo a sequência de Fibonacci. Assim, se chamarmos o número de reflexões de n, será $f(n)$ um número de Fibonacci, ou seja, para $n=4$, $f(n)=8$, para $n=6$, $f(n)=13$, para $n=25$, $f(n)=196.418$ e assim por diante.

As cores na Natureza parecem estar distribuídas em Proporção Áurea, ou seja, as cores quentes (amarelo, laranja e vermelho) estão para as cores neutras assim, como as cores neutras (bege, castanho e cinzento) estão para as cores frias (azul, verde e violeta). Não encontramos na Natureza, grandes quantidades de vermelho, laranja ou amarelo, mas sim uma boa quantidade de ocres, cinzas, e enormes quantidades de verdes e azuis.

Sabemos que existe um número infinito de diferentes tipos de poliedros, mas existem apenas cinco que são regulares, os sólidos platônicos. Na Natureza os cristais desenvolvem-se segundo formas poliédricas. Exemplos não faltam: o cloreto de sódio têm a forma de cubos e de tetraedros; os cristais de crômio têm a forma de octaedros; a formação de cristais decaédricos e icosaédricos aparecem nas estruturas dos esqueletos de protozoários marinhos microscópicos. A pirita (derivado da palavra grega *fogo*, pois ao golpeá-la saltam faíscas) ou sulfeto de ferro, geralmente denominado *ouro dos tolos*[56], ocorre na Natureza como cubos

[56] Sua cor é amarelo claro, possui brilho metálico, friável, não apresenta clivagem, aparece geralmente em cubos de faces estriadas, formando também octaedros. É o mais comum dos sulfetos, ocorrendo também em meteoritos. É usado para obtenção de ácido sulfúrico, extração de enxofre.

entrelaçados. Os cristais encontrados na Natureza normalmente apresentam simetria das faces.

- O floco de neve

Merecem ainda destaque especial, os flocos de neve, com sua incrível beleza e suas múltiplas formas que, apesar de diferirem entre si, todos apresentam como padrão comum a forma hexagonal.
Apesar de ter a forma hexagonal, o padrão do floco de neve é triangular, observe o leitor, na figura, que o triângulo em destaque repete-se doze vezes para formar o hexágono completo.

Flocos de neve, todos com padrão hexagonal.

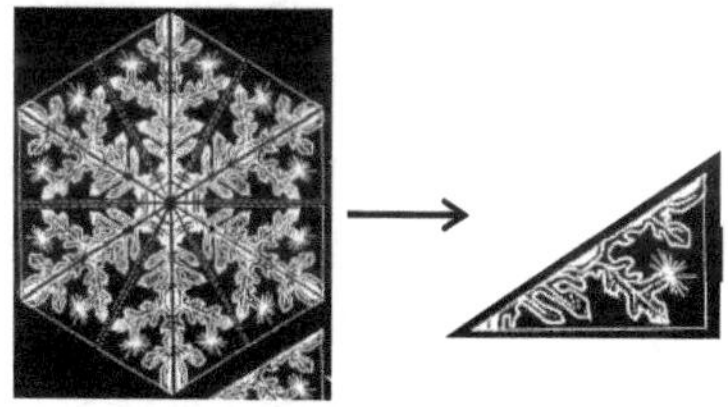

Floco de neve com seu padrão triangular.

Apesar da diversidade de formas encontradas na Natureza, é certo que existe uma unidade básica e leis de formação em tudo. Esse comportamento da Natureza há muito foi observado por vários povos de diferentes culturas. E foi exatamente a falta de compreensão que os levou a criar divindades ou um ser criador para poder explicá-los. Entre os vários e belos exemplos que encontramos na Natureza está justamente o floco de neve cuja forma básica é o hexágono. Esta forma, além de comum, é característica de todos os cristais inorgânicos, que apresentam mais ordem e uniformidade que os padrões orgânicos.

A formação do floco de neve é estudada pela teoria do caos, teoria esta que procura a ordem numa aparente desordem. Essa mesma teoria tenta explicar as flutuações de certas populações de animais; a propagação de epidemias; as frequências das erupções vulcânicas; variações do clima, assim como as irregularidades dos batimentos cardíacos. É interessante salientar que os batimentos cardíacos descrevem uma curva irregular e que o coração normal possui uma natureza caótica, segundo alguns cientistas, mesma natureza caótica da formação do floco de neve.

Nas formações cristalinas ou geométricas do mundo inorgânico não é possível encontrar formas pentagonais, elas pertencem somente aos seres dotados de vida.

- O átomo de Hidrogênio e os números de Fibonacci.

O ganho e a perda de energia de alguns átomos, *quanta de energia*, também estão relacionados aos números de Fibonacci, exemplo desse fenômeno é o átomo de hidrogênio. Partindo da condição do átomo em seu estado neutro de energia (estado 0), ele pode ganhar ou perder energia sucessivamente, um ou dois quanta de energia, de modo a ocupar um nível acima de energia (estado 1) ou dois níveis acima de energia (estado 2). O diagrama a seguir mostra as possíveis situações de perda e ganho de energia que pode ocupar o átomo de hidrogênio.

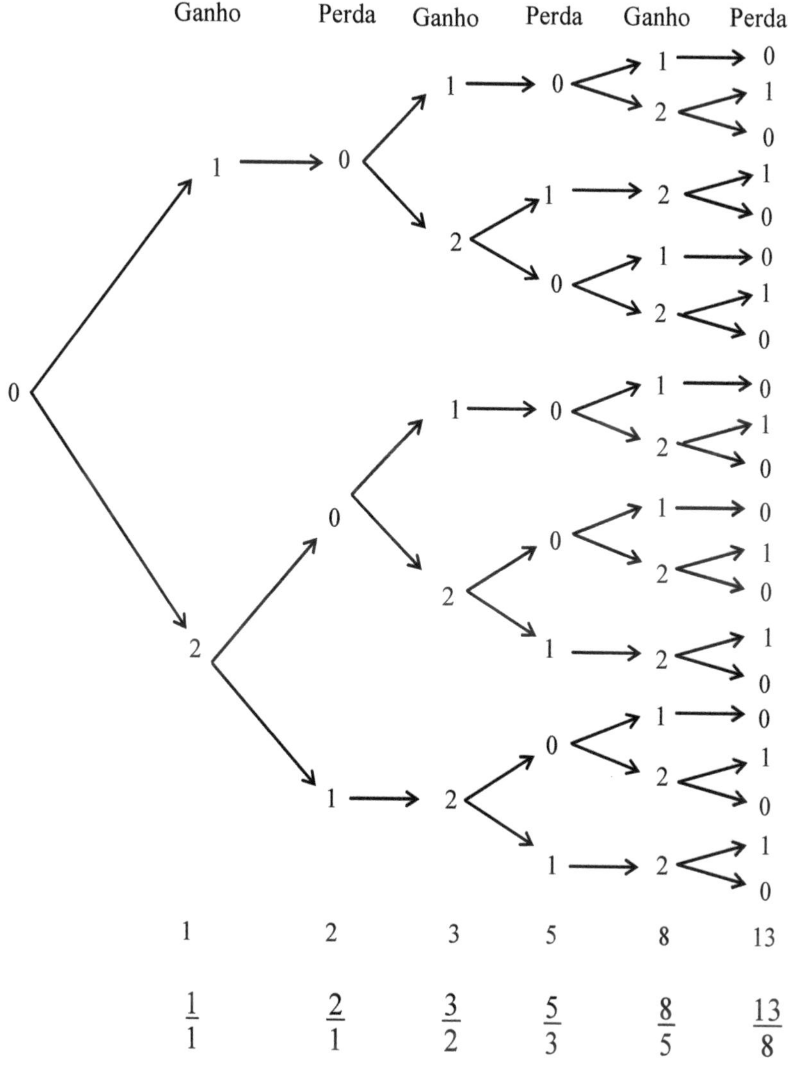

As frações indicam a relação entre os dois novos níveis de energia.

Fotos de duas galáxias com formato de espirais.

Também na Natureza Cósmica encontramos os mesmos padrões geométricos da Natureza terrestre. A espiral é um exemplo: o padrão geométrico espiralado de determinadas Galáxias é o mesmo, em escala cósmica, encontrado nas conchas marinhas, no cavalo marinho, no girassol, nas ondas do mar, nos tornados e até mesmo em animais microscópicos como os foraminíferos[57], ou seja, todos seguem aproximadamente o traçado da espiral áurea.

O formato das ondas do mar assim como o de um ciclone, são espirais que seguem aproximadamente as medidas da espiral áurea.

[57] São organismos principalmente marinhos, classificados como Protozoários, pois são unicelulares podendo ter um ou mais núcleos. Algumas espécies vivem dentro de conchas com uma única câmara, mas a maior parte, vive em conchas que possuem várias câmaras. Essas conchas muitas vezes possuem formato espiralado, muito parecido com a concha do Nautilus ponpilius.

- O quadrado, o círculo, a Terra e a Lua

Antes de encerrar este capítulo, uma curiosidade. Como vimos, tradicionalmente, o círculo foi uma forma associada ao céu e o quadrado à Terra, e no caso particular em que ambos possuem o mesmo perímetro, podemos fazer o seguinte cálculo:

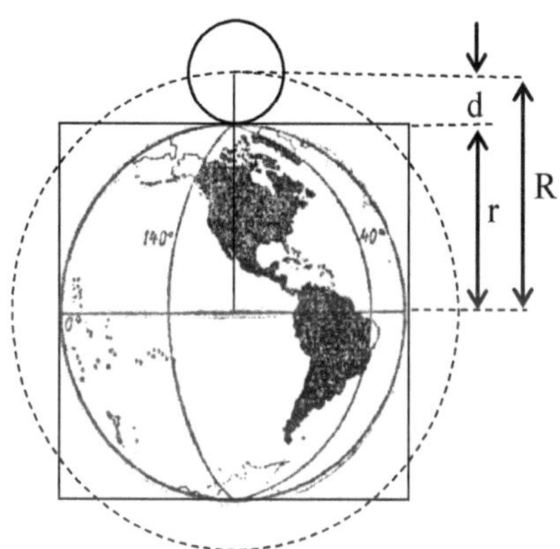

Seja R o raio do círculo maior, L o lado do quadrado, P o perímetro de ambos e d a diferença entre R e r então pela figura temos:

$$P = 2.\pi.R = 4.L \Rightarrow$$

$$2.\pi.R = 4.L \Rightarrow \qquad R = \frac{2.L}{\pi}$$

$$r = \frac{L}{2}$$

$$d = R - r \Rightarrow$$

$$d = \frac{2.L}{\pi} - \frac{L}{2} \Rightarrow$$

$$d = \frac{4.L - \pi.L}{2.\pi} \Rightarrow$$

$$d = \frac{L}{2}.\left(\frac{4-\pi}{\pi}\right) \Rightarrow \qquad d = 0{,}2732.\frac{L}{2}$$

Como $r = \frac{L}{2}$ obtemos: $\qquad d = 0{,}2732.r$

Quando a Terra é inscrita no quadrado, conforme mostra a figura, r passa a ser seu raio e d o raio do círculo menor. Pois bem, é sabido precisamente que o diâmetro da Terra (*dT*) é de 12.756 km e o diâmetro da Lua (*dL*) é de 3.476 km, cuja relação $\frac{dL}{dT} = \frac{3.476}{12.756} = 0{,}2725$, um erro de 0,001 em relação ao nosso resultado, ou seja, na prática é o mesmo valor.

Os Hexágonos e as abelhas

Ide aos vossos campos e pomares, e lá aprendereis que o prazer da abelha é de sugar o mel da flor, mas que o prazer da flor é de entregar o mel à abelha.

Pois, para a abelha, uma flor é uma fonte de vida.

E para a flor uma abelha é mensageira do amor.

E para ambas, a abelha e a flor, dar e receber o prazer, é uma necessidade e um êxtase.

Khalil Gibran

Surpreendentemente a Natureza nos apresenta criações que são modelos matemáticos. Entre elas merece destaque o hexágono, figura de seis lados que se diz regular quando todos eles têm o mesmo comprimento e os mesmos ângulos. A forma hexagonal, como ja vimos, está presente nos flocos de neve, nas moléculas, nos cristais, nas formas marinhas e principalmente nos favos de mel, assunto que agora abordaremos.

A vida e a organização social das abelhas sempre despertou grande curiosidade ao homem, mas foi somente a partir do século XIX, devido a estudos de apicultores americanos que a vida das abelhas foi equiparada a uma verdadeira sociedade organizada.

Vale a pena citar neste capítulo uma curiosidade fabulosa sobre as abelhas. Agora que já estamos de posse dos principais conceitos sobre áreas e volumes, podemos abordar este interessante problema matemático, e acredite se quiser, resolvido não por Arquimedes, mas pelas abelhas, de uma forma fantástica. No século XVIII Réaumur[58] ao se referir às abelhas enunciou o problema desta forma: *Como construir no menor espaço, células regulares e iguais, com a maior capacidade de volume, empregando a menor quantidade de matéria prima possível.*

Hoje em dia é comum encontrar, nos mercados latas de óleo, de conservas e outros alimentos armazenados em embalagens com bases redondas, e como veremos mais adiante são as embalagens mais econômicas em função do volume, mas todos nós sabemos que as abelhas de qualquer lugar do mundo armazenam seu mel em favos construídos com alvéolos em forma de prismas hexagonais geminados. Por qual motivo as abelhas *escolheriam* os prismas com base hexagonal?

Os gregos foram os primeiros a verificar e comprovar que triângulos, quadrados e hexágonos são os únicos polígonos regulares que se complementam naturalmente para preencher um espaço plano, como mostram as figuras a seguir. Este conceito foi e é muito usado pelos mulçumanos em suas pinturas, uma vez que sua religião não permite desenhar seres humanos. Assim, é certo dizer que os únicos prismas regulares cujos lados se encaixam perfeitamente são os triangulares, quadrangulares e hexagonais.

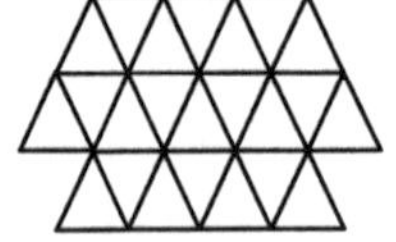
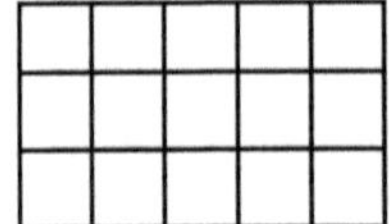
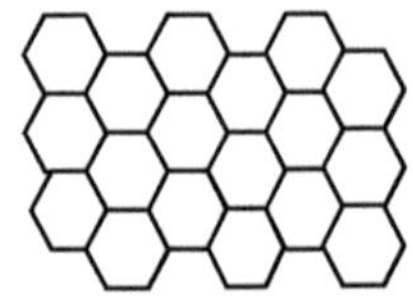

[58] René Antoine, físico naturalista francês, estudou Direito e, em Paris se notabilizou com os seus estudos sobre Geometria. Aperfeiçoou diversas técnicas na manipulação do ferro e do estanho e inventou, em 1731, o termômetro, ou melhor, escala termométrica, que leva seu nome. Escreveu seis livros sobre vida dos insetos.

Para responder à pergunta inicial, primeiro vamos analisar o volume dos prismas com essas bases. Imaginemos três pedaços de cartolina de forma retangular, 12cm x 6cm e vamos dividi-la no comprimento em 3, 4 e 6 partes iguais.

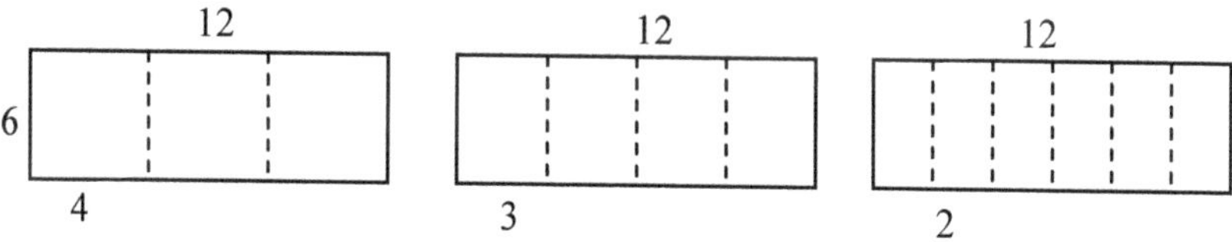

Ao dobrar estas cartolinas, obtemos os prismas com 3, 4 e 6 lados.

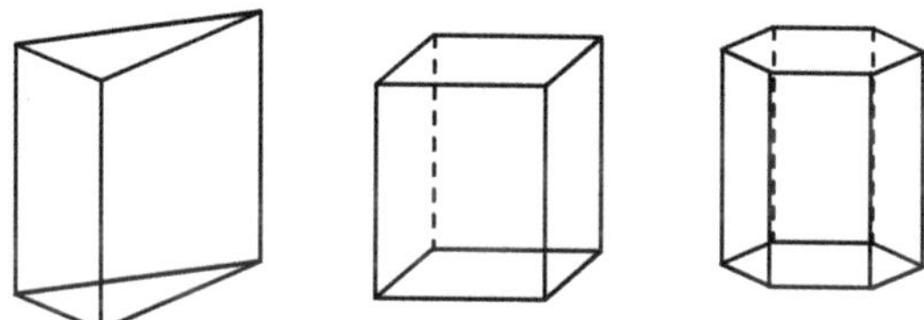

Como as áreas laterais dos três prismas são iguais, terá maior volume o prisma que tiver o polígono de maior área como base. Então, calculemos as áreas A_n, onde n é o número de lados de cada polígono em função do perímetro P.

$$A_3 = \left(\frac{P}{3}\right)^2 . \frac{\sqrt{3}}{4} \qquad A_4 = \frac{P}{4} . \frac{P}{4} \qquad A_6 = 6 . \left(\frac{P}{6}\right)^2 . \frac{\sqrt{3}}{4}$$

$$A_3 = 0{,}0481 . P^2 \qquad A_4 = 0{,}0625 . P^2 \qquad A_6 = 0{,}0721 . P^2$$

Neste caso, para $P = 12$, teremos:

$$A_3 = 6{,}926\ cm^2 \qquad A_4 = 9{,}00\ cm^2 \qquad A_6 = 10{,}382\ cm^2$$

E não é só isso, em vez das abelhas fecharem os fundos dos alvéolos com um hexágono plano, elas utilizam três losangos iguais colocados inclinadamente em relação ao eixo radial dos prismas. Este fundo é chamado fundo romboidal e sua vantagem sobre o fundo plano é de uma economia de um alvéolo a cada 50 construídos além de um aumento de volume de cada alvéolo em 2% .

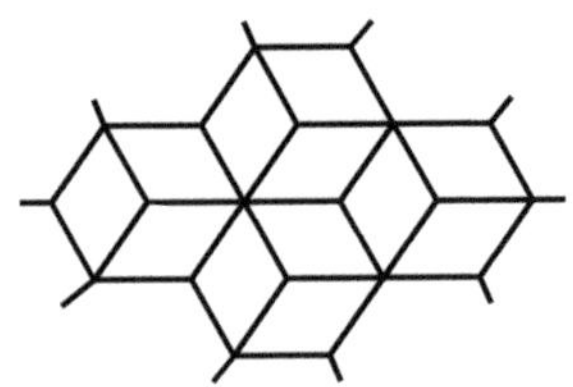

Os ângulos desses losangos foram determinados com exatidão por um astrônomo do observatório de Paris que achou 109°28' para o ângulo obtuso e 70°32' para o ângulo agudo. Mais tarde, o físico Koening, sem conhecer estes resultados, ao resolver um problema no qual procurava entre todos os prismas hexagonais com fundo formado por três losangos, qual seria construído com maior economia de material, chegou aos ângulos 109°26' e 70°34' com uma diferença de apenas 2'. É fantástico, não? Esses pequenos insetos guiados por um instinto ainda não compreendido escolheram para a construção de seus alvéolos prismas cujas paredes são comuns, que se encaixam perfeitamente sem deixar interstícios, com fundo romboidal e ângulos exatos, tudo isso proporcionando a maior economia possível de matéria prima ou da cera, fabricado pelas próprias abelhas, para este tipo de construção. As abelhas constroem seus favos com extrema regularidade e minúcia, perfeitamente aplicadas ao fim prático a que se destinam; um trabalho que parece executado segundo um plano estabelecido, com cálculos prévios, em que a Matemática é a grande auxiliar. Assim, talvez não seja demais afirmar que esses pequeninos insetos sejam os maiores matemáticos da Natureza.

Aqui bem cabe uma informação bastante importante, a saber:

Em Química, no estudo de estruturas atômicas, ou mais especificamente quando do estudo sobre ligações atômicas, mostra-se que o átomo de carbono sofre três tipos de hibridação ou hibridização. Hibridar ou hibridizar significa alterar a forma dos orbitais *2s* (esférica), *2px, 2py* e *2pz* (halteres). Todos os orbitais citados, quando híbridos, adquirem formas específicas. Em nosso caso particular a hibridação que interessa é a do tipo sp^3 ou tetraédrica.

O modelo tetraédrico para a estrutura atômica foi elaborado em 1874 pelos químicos Lê Bel e Van't Hoff. Por exemplo o elemento químico CH_4, ou o metano, possui esta estrutura e o átomo de carbono ocupa a posição central do tetraedro. As ligações do átomo de carbono são orientadas para os vértices do tetraedro e o chamado *ângulo de enlace*, ou seja, o ângulo entre os halteres, acredite ou não, é de $109°28'$. Mera coincidência ou será que nossas amigas abelhas além de conhecer matemática, também conhecem Química? Entre tantos, mais um mistério difícil de compreender!!! A seguir a estrutura atômica do CH_4.

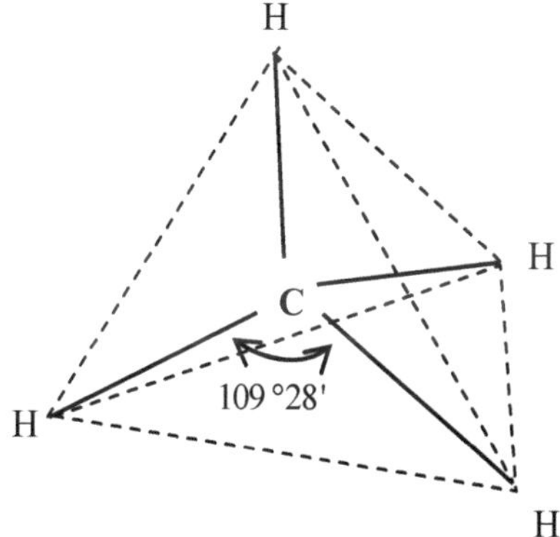

A espiral triangular, vista no capítulo *A divina proporção*, também é encontrada em colméias, onde pode ser traçada a partir do crescimento gnomônico (de construção) dos hexágonos.

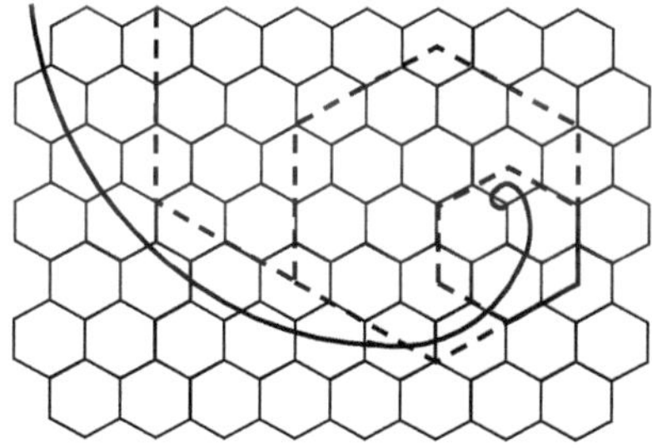

A Geometria da vida

A Terra tem uma vida vegetativa; sua carne é o solo; seus ossos, sua disposição e a união dos rochedos que formam as montanhas; sua cartilagem, o calcário; seu sangue, as fontes vivas; sua respiração e batida do pulso, o fluxo e o refluxo do mar...

Leonardo da Vinci

Muitas vezes pensamos que a Matemática pertence somente aos livros didáticos, aos cursos e às aplicações técnicas, cujos conceitos muitas vezes fogem do homem comum. Passa despercebido em nosso dia-a-dia, mas ao observarmos o mundo natural ao nosso redor, de imediato verificamos uma grande quantidade de Matemática presente em tudo, desde os mais simples detalhes. Não sei ao certo se a Natureza sabe contar, mas uma coisa é indiscutível, ela segue padrões matemáticos em tudo que faz e são esses padrões que permitem ao físico, ao arqueólogo, ao biólogo, ao profissional de pesquisas em geral descobrir seus segredos e muitas vezes, porque não, até imitá-la.

O homem, através da Matemática, sempre procurou descobrir na Natureza certas propriedades ou estruturas, somente com essas descobertas é que ele poderá dar sentido e criar uma lógica para entender seu desenvolvimento. São essas descobertas que o leva a criar uma teoria Matemática, depois uma demonstração, que mais tarde se transformará num teorema, e assim, progride em formas cada vez mais ricas e elaboradas de entendimento. A Matemática é uma Ciência básica e sua beleza está por trás da beleza de todas as outras Ciências e descobertas. Nas palavras, do próprio Leonardo da Vinci, ecoará melhor tal verdade.

> *Em cada disciplina há tanta Ciência verdadeira,quanto houver nela Matemática.*
> *Toda Ciência almeja tornar-se Matemática.*
> *Quando para uma descrição se consegue a fórmula Matemática, não há mais nada que acrescentar-lhe.*

Partindo do princípio que toda obra da Natureza têm lógica matemática, vamos, neste capítulo, procurar entender um pouco de tudo aquilo que nos rodeia, verificaremos que é fácil encontrar nela o pentágono, os números de Fibonacci e a espiral áurea. O pentágono talvez seja a forma mais visível e simples, a Natureza usa esta forma geométrica em vários seres vivos. São exemplos da forma pentagonal, a petúnia, o jasmim estrela, a estrela do mar, a flor de cera, existem literalmente milhares de outros exemplos que poderiam ser mencionados.

À esquerda a *estrela do mar*, ao centro a *flor de cera* com sua incrível beleza, e à direita a, não menos bela, *petúnia*, todos exemplos da Geometria pentagonal presente na natureza.

Todas as plantas que possuem a forma pentagonal estão ligadas diretamente à Proporção Áurea ou à secção áurea, pois ela está em seu interior. Também sem dificuldades podemos dizer que elas estão ligadas diretamente ao número cinco. A secção áurea está presente em todas as flores que possuem cinco pétalas ou um número múltiplo de cinco, característica comum das flores das plantas que dão frutos comestíveis. Talvez seja mera coincidência, possuirmos exatamente cinco dedos em cada uma das mãos. Logo o número cinco se caracteriza pelas estruturas das formas vivas, já os números seis e o oito, são característicos da geometria das estruturas minerais. É interessante salientar que as plantas que possuem uma estrutura ligada ao número seis, como a tulipa ou a papoula, são em sua maioria venenosas ou servem como fornecedoras de drogas Medicinais para o homem.

Veremos mais adiante que o pentágono não está relacionado somente com a vida vegetal, também está presente na vida animal e, inclusive, na vida humana. Esta estreita relação com os seres vivos, deu-lhe o *status* de figura geométrica símbolo da vida.

Acima à esquerda um mamão e à direita uma maçã, em ambos os casos, perfeitos pentágonos esculpidos pela Natureza.

No capítulo *O problema de Fibonacci* tivemos a oportunidade de conhecer um pouco sobre a vida de Leonardo Fibonacci assim como conhecer o problema que deu origem à sequência que leva seu nome. Lá exploramos um pouco algumas de suas propriedades relacionadas à Matemática e verificamos a sua principal característica, quanto maior o termo da sequência, mais próximo do valor do número áureo ficará a razão entre ele e seu antecessor. Aqui vamos verificar a impressionante relação dos números que compõem a sequência de Fibonacci com fenômenos relacionados à Natureza, para tanto lembremos que ela é dada por:

1, 1, 2, 3, 5, 8, 13, 21, 34, 55, 89, 144, 233... $\ldots a_{n-2}, a_{n-1}, a_n$

Onde $a_n = a_{n-2} + a_{n-1}$

A sequência de Fibonacci aparece com frequência em um grande número de fenômenos naturais, entre eles, já visto por nós, define perfeitamente o esquema de reprodução dos coelhos, outro exemplo que pode ser citado é a proporção entre as abelhas machos e fêmeas nas colméias.

Mas não é apenas o zoólogo com seus coelhos ou o entomologista com suas abelhas que têm o prazer de ter contato com o número de ouro em seus estudos. O botânico também tem este privilégio, pois o encontra em suas diferentes áreas de estudo, no arranjo das folhas, na estrutura das pétalas, na composição das florestas e na distribuição de folhas em torno de um ramo de algumas plantas, etc.

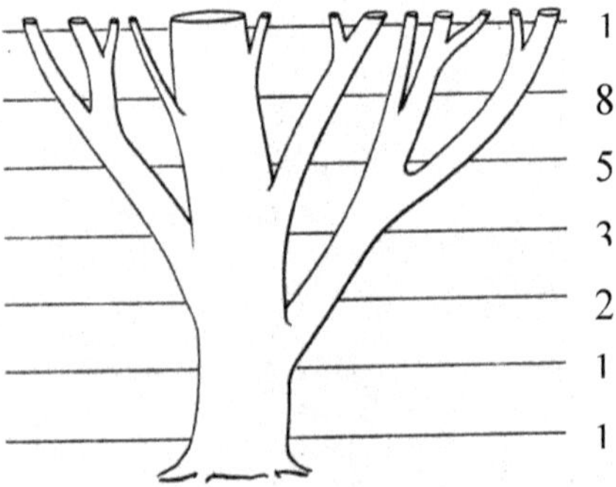

A distribuição dos galhos em algumas arvores coincidem com a sequência de Fibonacci. A planta de nome *Achillea Ptarmica* é considerada um grande exemplo desta distribuição. Ao encontrar qualquer planta que segue esta sequência, verificamos de imediato que ela torna-se mais harmoniosa e bela.

Assim como a distribuição das sementes num cacto, no girassol elas formam uma espiral que se ajusta exatamente à espiral áurea.

A beleza do girassol não se resume apenas ao seu formato ou ao seu movimento diário atrás do Sol. Ao olhar com atenção seu núcleo, com facilidade verificamos que suas sementes estão distribuídas em várias espirais, tanto no sentido horário quanto no sentido anti-horário, mas o mais surpreendente é quando contamos a quantidade dessas espirais. Dependendo do tamanho do girassol, ele possui desde 21 espirais orientadas num sentido, sobrepostas a 34 espirais no outro sentido[59]. A contagem do número de espirais neste caso fornece quase que invariavelmente dois termos 21 e 34, 34 e 55, 55 e 89 ou 89 e 144, e novamente temos os números de Fibonacci. Essas quantidades de espirais também podem ser encontradas frequentemente em muitas outras formas vegetais, nas folhas das cabeças das alfaces, no alho, na couve-flor, nas camadas das cebolas ou nos padrões de saliências dos abacaxis, das pinhas etc..

Parte central de uma margarida.

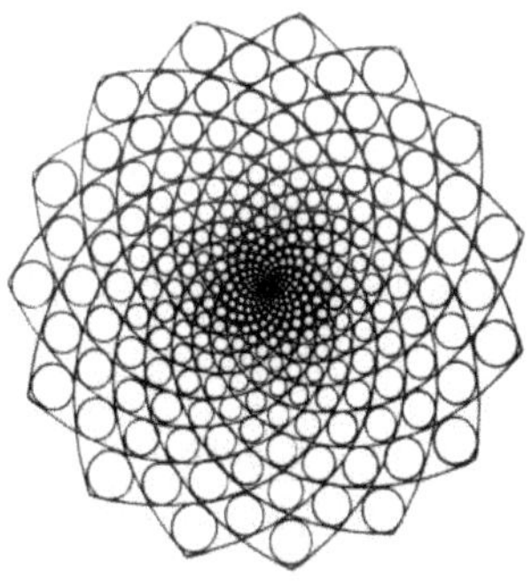

Padrão das espirais da margarida.

Os flósculos que compõem o centro da margarida também estão dispostos em dois conjuntos de espirais sobrepostos um no sentido horário e outro no sentido anti-horário. Na figura anterior à direita vemos o padrão de distribuição desses flósculos, neste caso, desenhados como círculos, cada um cresce exatamente no ponto de intersecção de duas espirais em direções opostas.

[59] Estes dados foram publicados pela *Scientific American* em 1955.

Na figura a seguir vemos a reconstituição de duas dessas espirais com sentidos de crescimento opostos. As espirais são construídas a partir de vários círculos concêntricos que crescem numa escala logarítmica e de vários segmentos de reta que partem do centro comum. Ao ligar os consecutivos pontos de intersecção dos círculos e dos segmentos de reta, obtemos as espirais da margarida, e essas espirais são logarítmicas equiangulares, pois o ângulo que elas formam com os segmentos de reta, ou os raios, são sempre iguais. O crescimento das espirais a partir do centro da margarida está na mesma razão que o crescimento dos raios, ou seja, cada estágio de crescimento da margarida pode ser sobreposto ao novo e todos eles vão apresentar a mesma razão, e esta razão é exatamente o número de ouro.

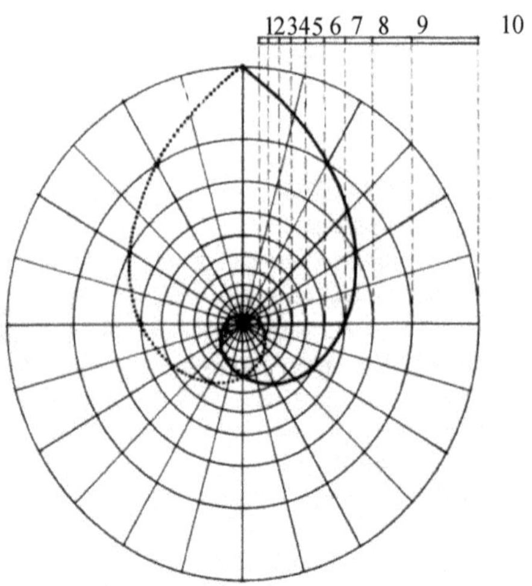

Diagrama do crescimento da espiral logarítmica.

Assim como na margarida os flósculos do girassol, que mais tarde vão virar sementes, também crescem em espirais equiangulares logarítmicas em sentidos opostos. A pequena diferença entre elas é que as sementes do girassol possuem estrutura piramidal enquanto na margarida elas aparecem em forma de semi-esferas.

Agora, além da beleza, o que a margarida e o girassol têm em comum com o Pavão? Antes da resposta, vejamos mais alguns comentários interessantes sobre as plantas que trazem a forma da espiral em sua formação.

As técnicas de construção da espiral logarítmica, assim como suas propriedades, que foram citadas aqui sem provas ou demonstrações, podem ser encontradas em livros de geometria elementar.

Bem, aqui uma parada abrupta se faz necessária, é interessante um comentário antes de continuar este assunto. Na Bíblia encontramos a passagem em que deus separou a luz das trevas, podemos dizer que neste momento ele criou a quantidade *dois* e a primeira operação Matemática: *a divisão.* Temos aí a presença do número *um*, a unidade, e do número *dois*, o *dual*, ou o *dualismo*, uma presença marcante na história do desenvolvimento do homem.

A maneira que vemos o mundo à nossa volta é baseada na distinção quase imperceptível de pares opostos, o claro e o escuro, o alto e o baixo, o bonito e o feio, a vida e a morte, o homem e a mulher, ou seja, o oposto coexistindo em tudo. É a Natureza fornecendo ao homem a ajuda que ele precisava para conceber mais rapidamente as quantidades, ou os números *um* e *dois*, e iria demorar muito tempo para que a humanidade contasse além do três. Podemos dizer que esta percepção dual foi a responsável pela sobrevivência da espécie humana assim como é responsável por nossas ações e atitudes até hoje, através dela sabemos os perigos que um lugar alto nos oferece em relação a um lugar baixo, ou um lugar fundo em relação ao raso; ela de alguma maneira também é responsável pela dificuldade que temos de conseguir responder a determinadas perguntas, cujas repostas transcendem a distinção entre opostos, como exemplo clássico podemos citar as perguntas; *de onde viemos? Qual a origem do universo?*

O sistema formado por dois elementos, ou melhor, dois dígitos, na Matemática é chamado *sistema binário.* A ele podemos associar os números *zero* e *um* e relacioná-lo diretamente com alto e baixo, claro e escuro, vida e morte e mais várias concepções binárias, entre as quais gostaria de destacar o dual *imantado* e *não imantado.* Com o domínio, pelo homem, da eletricidade, mais a ajuda da Física, Química e matérias afins, temos em mãos uma grande variedade de produtos entre os quais um em especial, o óxido de ferro, que propiciou ao homem realizar a maior revolução tecnológica da história. De certa forma, podemos dizer que este elemento possui a particular propriedade de ficar imantado ou em seu estado natural, dependendo exclusivamente de uma descarga elétrica[60].

Suponhamos que numa série de 10 placas, construídas com este elemento, apliquemos descargas elétricas de forma aleatória, podendo imantar ou não, cada uma dessas placas. Vamos agora atribuir os valores 0 (zero) para as placas em seu estado natural, e 1 (um) para aquelas imantadas. Então, ao verificar quais estão ou não imantadas, recebemos como resposta um código binário, digamos 0100101110, que representa o número 302 no sistema decimal. Temos aqui o princípio de armazenamento de dados num disco de computador. Esta gravação em um disco acontece da seguinte maneira: a menor unidade de informação, chama-se *bit*, que representa um algarismo binário ou uma simples escolha entre 0 ou 1, (imantado ou não imantado), um grupo de oito bits recebe o nome de *byte* e pode ter 2^8 ou 256 diferentes combinações ou configurações de informação, indo de 00000000 a 11111111. Nestas 256 opções podemos configurar letras, atribuindo-lhes valores binários por convenção. Digamos que as letras da palavra LIVRO tenham as seguintes atribuições no sistema decimal:

L = 211 I = 201 V = 229 R = 217 O = 214,

Então no disco rígido de um computador ficaria assim:

11010011 | 11001001 | 11100101 | 11011001 | 11010110

60 Para a gravação de uma informação num disco, o conhecido winchester, a cabeça de leitura/gravação, utiliza seu campo magnético para organizar as moléculas do óxido de ferro da superfície do disco fazendo com que os polos positivos das moléculas fiquem alinhados com o polo negativo da cabeça e vice-versa. Por sua vez a cabeça de leitura/gravação é um eletroímã, sua polaridade pode ser alternada constantemente, com isso faz variar também a direção dos polos positivos e negativos das moléculas da superfície magnética. De acordo com a direção desses polos, se tem um bit 0 ou 1. Para a leitura dos dados gravados, a cabeça capta o campo magnético gerado pelas moléculas alinhadas. A variação entre os sinais magnéticos positivos e negativos gera uma corrente elétrica. Este sinal depois é interpretado como uma sequência de bits 0 e 1.

Desta maneira, ao ler estas placas encontraremos umas imantadas e outras não imantadas, correspondendo aos números 0 e 1 respectivamente. De posse dos códigos atribuídos, teríamos novamente a reconstituição da palavra LIVRO.

Para armazenar números também convencionam-se valores fixos para cada algarismo, é claro, dentro das 256 opções oferecidas. Outra aplicação do sistema binário é na confecção de discos laser ou CD, com áudio ou DVD, com áudio e vídeo. O princípio dessa gravação é praticamente o mesmo, sendo que neste caso, no sulco do disco, encontram-se plataformas, em dois níveis que, ao receberem o raio laser, transmitem uma informação binária e depois, por processos físicos, eletrônicos e mecânicos, acaba transformando essa informação em energia sonora e/ou imagem.

É interessante ressaltar que estudos realizados sobre o comportamento humano sustentam a afirmação que o homem, como imagem da Natureza, pensa *binário*, e é fácil entender o motivo. Para nós, qualquer que seja a situação ou condição, a estrutura mental montada para resolvê-la resume-se sempre a um simples *sim* ou *não*. Por exemplo: viajando num belo final de semana, o leitor percebeu que um pneu do carro furou e precisa parar para trocá-lo. Como já estamos condicionados a resolver este tipo de situação, não percebemos que para trocar o pneu de nosso carro, inconscientemente perguntamos: 1- O carro está normal? 2- Preciso parar? 3- Tenho estepe? 4- O estepe está bom? 5- Tenho macaco? 6- Tenho chave de roda? Enquanto todas as respostas exceto a primeira, forem *sim*, o processo continua, mas, ao primeiro *não*, entramos em desespero. Imagine um *não* como resposta à terceira pergunta. Poderíamos elencar uma série de questões, todas diferentes, mas uma coisa em comum existe para todas elas: é a resposta: sempre é ou SIM ou NÃO.

Ao fazer um cálculo qualquer, a estrutura que montamos também está baseada no sistema binário, para tanto, gostaria agora de pedir ao leitor que execute mentalmente a seguinte soma $5+3+2$. Sei que é uma conta relativamente fácil, mas vamos analisar de que maneira este cálculo foi executado. Consciente ou inconscientemente esta soma foi separada em grupos de dois termos, ou seja, o leitor deve ter somado primeiro $5+3$ e, depois, ao resultado, adicionado o número 2, ou ainda $3+2$ e, ao resultado, adicionado 5, ou também $5+2$ e, ao resultado adicionado 3. Não importa a formação dos grupos, ela é sempre feita de modo aleatório, mas sempre em grupos de dois, mais uma prova de que o homem trabalha *binário* em tudo que faz. Mas, se você leitor ainda não acreditou, então tente somar três números de uma única vez.

Assim, temos uma conclusão bastante interessante: podemos dizer que quando o homem inventou o computador passou a ocupar o papel de criador com relação à maquina, acrescentando na história da evolução humana a frase: *Façamos o computador segundo a nossa imagem e semelhança.* E não seria possível uma concepção diferente, pois o homem pensa binário. Um computador ternário, por exemplo, seria impossível, pois o homem não pensa ternário.

Depois de estabelecidos os conceitos básicos sobre o sistema binário voltemos a analisar o crescimento da margarida. Suas espirais são geradas em direções opostas, por sinal, este padrão não é privilégio da margarida, ele aparece em abundancia na Natureza. É um caso particular de formação, pois podemos dizer que a formação da margarida se dá pela união de opostos que se complementam, é o binário, ou melhor, o dualismo da Natureza atuando na formação de um corpo formado por espirais.

Um segmento dividido em média e extrema razão possui uma divisão desigual, é o maior e o menor coexistindo, complementando um ao outro, e é desta combinação dual e perfeita que surge a harmonia, a proporção natural, aquilo que quando vemos chamamos de *belo.*

As espirais logarítmicas da margarida, do girassol e de todos os vegetais ou animais que crescem segundo a formação pela união dos opostos, carregam em si, não apenas o conceito dual dos opostos ou daqueles que se complementam, mas nos mostra que a beleza, sem perder a identidade, pode ser compreendida e sua compreensão está diretamente ligada à Matemática. É incrível saber que o número de sementes numa margarida ou num girassol é pré-ordenado e, no entanto, é exatamente isso que acontece.

Existem alguns padrões geométricos na Natureza que são compartilhados entre animais, aves e vegetais. O girassol e a margarida, apesar das semelhanças, cada qual possui um tipo de beleza individual, mas ambos possuem algo em comum: a espiral. O pavão tem, em sua plumagem em forma de leque e os chamados *olhos* de sua cauda, formam espirais logarítmicas idênticas às espirais que formam o padrão do centro da margarida. Assim, a cauda do pavão e o centro da margarida compartilham da mesma formação geométrica para sua construção. Pela figura a seguir podemos ver que os *olhos* da cauda do pavão, unidos por linhas pontilhadas, ocupam exatamente os pontos de intersecção dessas espirais que estão em sentidos opostos.

Os "*olhos*" da cauda do pavão estão nos pontos de intersecção das espirais logarítmicas.

Imaginemos que a distribuição das folhas em torno de um caule siga um padrão helicoidal, tanto faz, para esquerda ou para direita (figura a seguir). Ao marcar uma folha qualquer e contar as folhas seguintes até chegar à outra folha com a mesma orientação da folha marcada, certamente estaremos de posse de um número de Fibonacci.

O mesmo vai acontecer com o número de voltas da espiral que se percorreu até chegar à folha desejada. A razão entre o número de folhas e o número de voltas da espiral é denominada *razão filotática* ou *razão de filotaxia*[61]. Em alguns livros o leitor também poderá encontrar o nome *razão de Fibonacci*, pois ambos, numerador e denominador correspondem aos números de Fibonacci.

---

61 Palavra derivada do grego que significa: estudo da inserção das folhas sobre o caule.

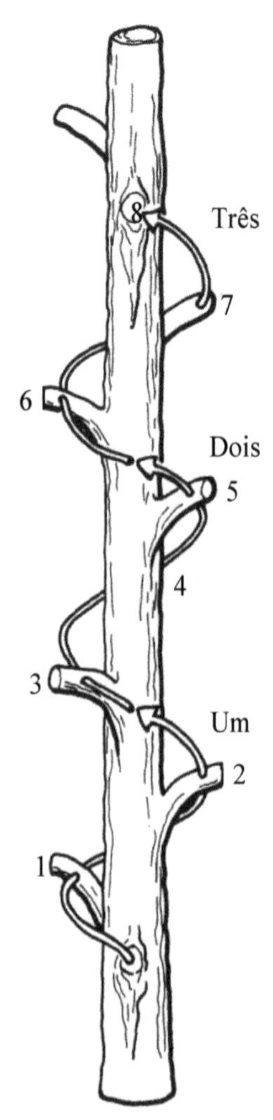

Oito folhas distribuídas em três voltas completas. Este exemplo ilustra uma razão de filotaxia de $\frac{3}{8}$.

É fácil entender porque as folhas ao longo de um ramo de uma planta ou os galhos em torno do caule tendem a crescer de forma espiralada. Acontece que esta forma propicia um melhor aproveitamento de sua exposição ao sol, à chuva e ao ar. Observe o leitor que as folhas não crescem uma em cima da outra, este posicionamento certamente prejudicaria as folhas de baixo.

Na árvore ornamental nativa da Europa de nome *Tília* as folhas nascem normalmente em lados opostos, ou seja, numa volta completa ao redor do caule teremos duas folhas, portanto sua razão filotáctica será $\frac{1}{2}$. Em plantas, como a avelã e a faia, encontraremos 3 folhas em uma volta completa em torno do tronco e, neste caso, sua razão filotática será $\frac{1}{3}$. Na macieira, no carvalho e no damasco encontramos razão filotática de $\frac{2}{5}$, na pereira e no salgueiro-chorão a razão filotáctica é de $\frac{3}{8}$.

Existem outros exemplos cuja razão filotática é dada pelas frações $\frac{8}{13}, \frac{5}{13}$. Curiosamente essas razões filotáticas são todas frações formadas por termos alternados da sequência de Fibonacci, é claro que existem exceções, mas os números ocorrem com tamanha frequência que não podem ser tomados como casuais.

Pesquisas mostram que a distribuição de folhas ao longo de um ramo não se dá de forma aleatória, a cada conjunto de 3, 5, 8, 13... folhas, existe uma predominância em função do número de voltas ao redor do ramo de um mesmo ângulo, ou seja, eles são aproximadamente iguais. Esta distribuição além de dar equilíbrio ao caule/ramo, também funciona como facilitador à exposição à luz e à chuva.

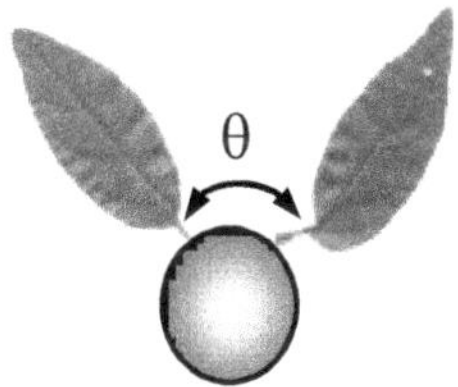

O matemático inglês Wiesner, em 1875, chegou à conclusão sobre qual deveria ser o ângulo entre as folhas num caule de uma árvore, de modo que estas ficassem melhor expostas à luz solar e chegou ao resultado:

$$\theta = \frac{360^\circ}{\phi^2} = 137{,}5^\circ$$

Este ângulo é conhecido como *Ângulo Áureo.*

A figura II a seguir mostra um ramo cortado no sentido transversal e cada círculo com um número dentro representa uma folha, vista de baixo para cima e sua posição no ramo em questão. Assim, a folha de número zero, a mais baixa, é a primeira, e todas elas estão defasadas de certo ângulo em relação à folha posterior. A espiral formada ao longo do ramo é chamada de *espiral produtiva,* mas o importante neste esquema[62] é o

---

62 Esta representação foi usada pela primeira vez no livro *On the relation of Phyllotaxis to Mechanical Laws* pelo botânico A. H. Church em 1904.

ângulo formado entre cada folha e a sua sucessiva. Os irmãos Bravias, no ano de 1837, descobriram que as folhas avançam através do ramo conservando um ângulo aproximado de $137{,}5°$. A volta completa em torno do ramo dividido por ϕ nos dá $\frac{360°}{\phi} = 222{,}5°$, mas este resultado é um número que não coincide com as observações, mas ao calcular $360° - 222{,}5° = 137{,}5°$, obtemos o mesmo resultado dos irmãos Bravias e do matemático inglês Wiesner, já citado anteriormente: o *ângulo áureo*.

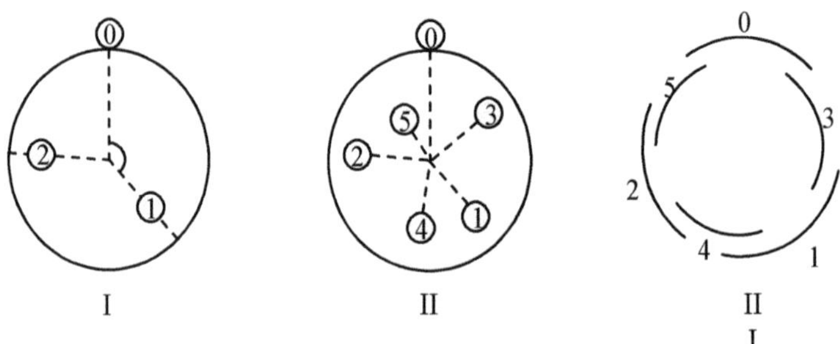

À esquerda e ao centro, corte em dois ramos vistos de cima onde as folhas são numeradas de acordo com sua posição. À direita a distribuição das pétalas em uma rosa.

A beleza simétrica do arranjo das pétalas de uma rosa não é por acaso, ela também está baseada na Proporção Áurea. A figura III, anterior, mostra as posições e os ângulos dessas pétalas. Cálculos mostram que os ângulos que definem essas posições são as partes fracionárias dos múltiplos das frações $\frac{1}{\phi}$. Assim, a pétala 1 está 0,6180 de volta da pétala 0 ou $\left(1 \text{ x } \frac{1}{\phi} = 0{,}6180\right)$, a pétala 2 está 0,236 de volta da pétala 1 ou $\left(2 \text{ x } \frac{1}{\phi} = 1{,}236\right)$.

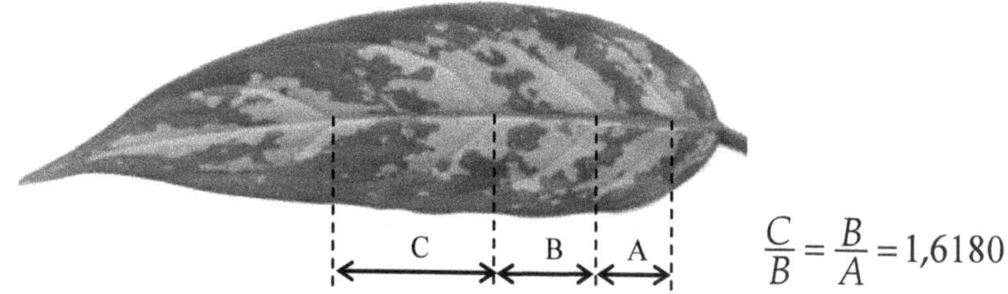

As nervuras laterais de uma folha, tendem a ramificar-se segundo a Proporção Áurea.

Num estudo realizado com 2.000 abacaxis verificou-se o predomínio de três, algumas vezes quatro, diferentes espirais de Fibonacci[63]. Nele é fácil verificar que cada gomo da casca tem a forma aproximada de um hexágono, e são estes gomos que estão numa disposição tal, que formam três diferentes espirais que se cruzam ao longo da fruta. Como mostra a figura I a seguir, temos 8 espirais paralelas, na figura II são 13 espirais paralelas, e na figura III são 21 espirais paralelas. Grande parte dos abacaxis possui 5, 8, 13 e 21 espirais, números já bem conhecidos por nós.

Ao analisar uma pinha podemos observar que as pétalas que a compõem, não estão distribuídas de forma aleatória. Sua distribuição forma dois tipos de espirais, uma para a esquerda e outra para a direita. Tais espirais são do mesmo tipo que as estudadas anteriormente e o número de pétalas quase sempre segue os números de Fibonacci. Normalmente uma pinha possui 5 e 8 ou 8 e 13 espirais.

---

[63] Os resultados desse estudo foram publicados no *Livro do ano da Ciência e do futuro* em 1977.

À esquerda duas pinhas e à direita duas alcachofras, ambas com suas espirais.

Na alcachofra, à direita na figura acima, a distribuição de suas pétalas também está relacionada com a Proporção Áurea. A alcachofra da esquerda mostra 5 linhas de pétalas paralelas e a da direita 8 linhas de pétalas paralelas, ambas formando espirais.

As folhas das violetas africanas, Margaridas Azuis (13 pétalas), Margaridas Inglesas (21 pétalas), Margaridas Africanas (55 pétalas), além de muitas outras, como lírios, crisântemos, gerânios seguem o padrão de Fibonacci. A forma esférica aparece em plantas como a *globulária* e em pequenos animais microscópicos denominados *radiolários*, além de ser encontrada em alguns frutos e sementes.

A espiral áurea é encontrada ainda na concha do *Nautilus ponpilius*, na distribuição das sementes do girassol, no crescimento de muitas plantas, no formato das galáxias e se encaixa por sobreposição ao feto humano e animal. Na figura a seguir temos uma sequência de semicírculos construídos lado a lado de forma que tenhamos a relação $\frac{AB}{BC} = \frac{BC}{CD} = \frac{CD}{DE} \ldots = \phi$, mesma sequência geométrica encontrada no molusco Triton.

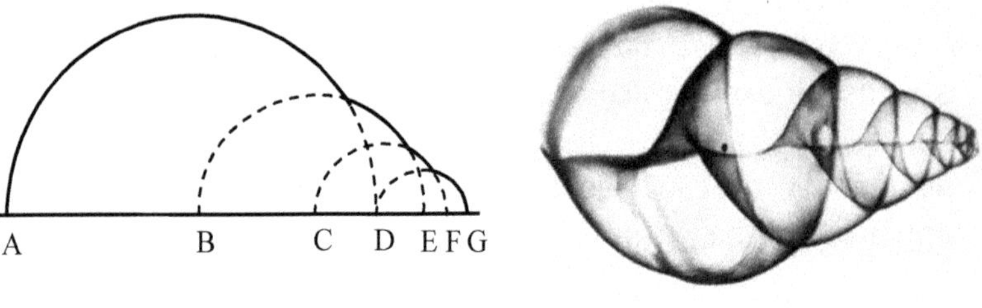

Triton

Existe uma concha marinha onde mora um pequeno molusco chamado *Nautilus ponpilius*, e esta concha é construída por ele mesmo. Conforme o Nautilus vai crescendo, vai construindo uma nova câmara maior para morar, e a proporção que relaciona a nova câmara à anterior é exatamente a proporção da sequência de Fibonacci ou a Proporção Áurea. O Nautilus bombeia gás para dentro de sua concha, repleta de câmaras para poder regular a profundidade de sua flutuação. Mas não é só isso, a espiral da concha do Nautilus tem uma propriedade interessante, se tomarmos qualquer uma das câmaras e a ampliarmos, ela vai se encaixar perfeitamente na câmara seguinte, também na mesma proporção, a Proporção Áurea, e, como todas as câmaras crescem na mesma proporção, se aumentadas todas ao mesmo tempo, uma por uma vai se encaixar na câmara seguinte.

Acima à esquerda o *Nautilus pompilius* , e à direita em corte, o ângulo formado entre o raio vetor com a tangente a cada nova câmara é igual. Abaixo dois moluscos marinhos, ambos nos apresentam a espiral áurea.

As espirais áureas são muito difundidas no mundo biológico, os chifres de alguns animais crescem segundo a espiral equiangular. Pesquisas mostram que os chifres das cabras, dos antílopes e de outros animais que crescem segundo a espiral áurea, se encontram com mais frequência na Natureza.

Grande parte dos seres vivos têm suas formas baseada na simetria do pentágono e na espiral áurea, são exemplos desse fenômeno animais terrestres e marinhos, flores etc.. As flores do lírio d'água, da pêra, da maçã, do morango e muitas outras possuem cinco pétalas. Entre os animais temos uma espécie de lagosta com 5 pares de pés e 5 penas na cauda, cada pé consiste em 5 porções, e sua barriga consiste em 5 segmentos. O corpo do escorpião consiste em duas partes a barriga e o rabo, possui 5 pares de membros e sua barriga tem 8 segmentos.

Muitos insetos como a borboleta e a libélula têm formas simétricas baseadas na secção áurea. A libélula tem uma forma perfeita construída sob a lei da Proporção Áurea: a relação dos comprimentos da cauda e do tronco é igual à relação do comprimento total pelo comprimento da cauda.

Como já foi visto, a espiral áurea tem o ângulo entre a curva e raio vetor constante em todos os pontos daí também o nome espiral equiangular. O falcão peregrino usa, exatamente, este fato para atacar suas presas. Estes falcões são alguns dos últimos pássaros na Terra que mergulham verticalmente em direção à sua presa com velocidade acima de cem milhas por hora. Eles podem, no entanto, escolher entre um vôo reto com alta velocidade ou um vôo com uma trajetória espiral (figura a seguir). Esta é a conclusão do Biólogo Vance A. Tucker da Universidade da Carolina do Norte, que os estudou durante anos, e publicou seus resultados no *Journal of Experimental Biology* no ano de 2000.

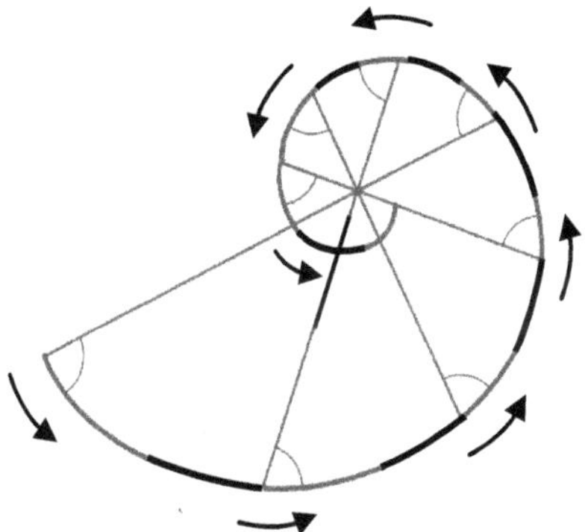

A abelha macho ou zangão desenvolve-se a partir de um ovo não fertilizado (partogênese), ou seja, esta abelha não tem pai, mas tem mãe e avô materno. Já a abelha fêmea desenvolve-se a partir de um ovo fertilizado, portanto tem pai e mãe. Usando este fato, a representação genealógica das abelhas macho e fêmea é como mostra a figura a seguir, lembrando que a fêmea sempre tem ascendência de macho e fêmea e o macho não.

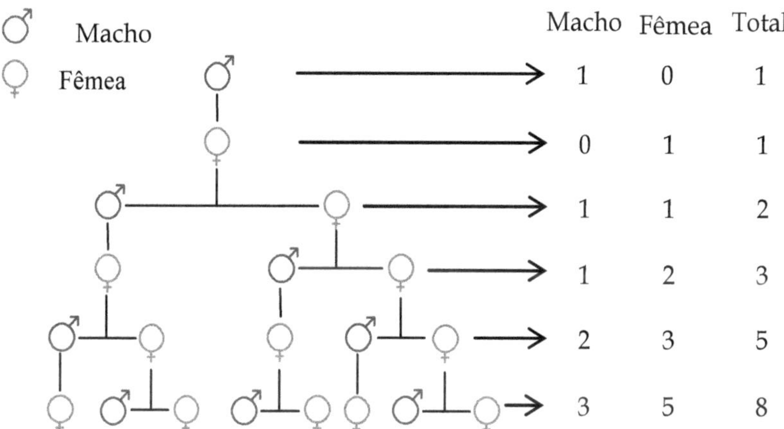

Representação genealógica da reprodução das abelhas numa colméia.

A carapaça da tartaruga possui 13 placas, 5 delas estão no centro e 8 nos limites, tem 5 dedos nas patas, e a espinha dorsal contém 34 vértebras. Já o crocodilo possui 55 placas arranjadas ao longo do tronco. O número de ossos do esqueleto para vários animais é de aproximadamente 13 (baleia, camelo, cervos, etc.), o número de vértebras é próximo de 34 e de 55, como é o caso do cervo gigante que tem 34 vértebras e da baleia, com 55.

O homem e a proporção áurea

Consideradas grandes criações, as esculturas gregas foram inspiradas nos padrões de beleza e harmonia do corpo humano, Policleto de Argos[64], Miron, Fidji, etc. são exemplos, e todos eles seguiram o princípio da Proporção Áurea. A estátua de Dorifor criada por Policleto, que pode ser vista no capítulo *A Arte e a secção áurea*, é considerada uma das realizações mais belas da escultura grega clássica.

O homem é a medida de todas as coisas, frase atribuída a Heráclito, pois, conhecendo a Proporção Áurea, sabia que a encontraria nas proporções do corpo humano.

O Renascimento buscou de modo intencional redescobrir os valores estéticos da Grécia antiga, e foi nesse período que Leonardo da Vinci um dos maiores artistas da humanidade, desenhou o *Homem vitruviano*, onde podemos ver a Proporção Áurea relacionada com a estrutura ideal do corpo humano.

Há muito o homem vem buscando regularidades matemáticas e proporções definidas no próprio corpo, não é à toa que durante a história muitas medidas, para diversas áreas, foram inspiradas no corpo humano, mais precisamente, nas medidas do corpo do rei Henrique I da Inglaterra.

---

[64] Um dos mais notáveis escultores gregos, apesar de nenhuma de suas obras originais ter se conservado, muitas delas ficaram conhecidas através de cópias romanas, sua obra mais conhecida é *Doriforo* ou *Dorifor*, o atirador de lanças.

São exemplos dessa prática medidas como: pé, tamanho do pé do rei; a jarda, distância entre o polegar e o nariz do rei; a polegada, medida entre a dobra do dedo e a ponta do polegar do rei[65], mas nenhuma delas foi criada para servir como referência para uma aplicação específica como a do pintor ou do escultor. Foi a Proporção Áurea que preencheu essa lacuna ou encerrou essa busca, e através dela que artistas como Leonardo da Vinci, Durer e Michelangelo entre outros conseguiram expressar em suas obras o corpo humano de forma tão convincente.

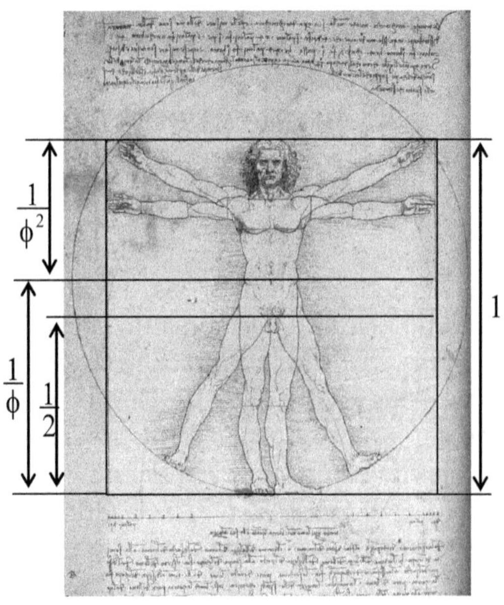

O *Homem Vitruviano*

Leonardo da Vinci encontrou, ao conhecer o livro *De architectura*, do arquiteto romano Vitrúvio os seguintes dizeres: *o corpo humano constrói-se a partir do círculo e do quadrado*, daí foi que ele fez o célebre *Desenho de Veneza*, mais conhecido como *Homem Vitruviano*. Esta figura associa o corpo humano à geometria e ao número. Leonardo mostrou que o corpo humano é numericamente mensurável e que suas linhas e formas são pura

[65] Existem 12 polegadas em um pé e três pés em uma jarda.

geometria, além de que, sua proporcionalidade e harmonia são exemplos de perfeição, estética e beleza.

Seu desenho, assim como a fabulosa foto de Albert Einstein mostrando a língua, é certo que estão entre as figuras mais famosas e conhecidas. Alem disso, ambas ainda têm mais uma coisa em comum. É incrível, Einstein talvez seja a única pessoa na história que ficou famoso por desenvolver uma teoria que, na época, poucas pessoas entendiam e esta figura de Leonardo, apesar de muito conhecida, também poucas pessoas conhecem o verdadeiro significado de seu desenho.

O homem é o modelo do mundo, disse Leonardo ao estudar o trabalho de Vitrúvio, que escreveu:

> *Nos componentes de um templo deve existir a maior harmonia nas relações simétricas das diferentes partes em relação à magnitude do conjunto. E também no corpo humano a parte central é naturalmente o umbigo. Pois, se um homem for colocado reto, de costas, com as mãos e os pés estendidos, e um compasso for centrado em seu umbigo, os dedos de suas duas mãos e dos pés tocarão a circunferência do círculo descrito a partir dali. E assim como o corpo humano gera um contorno circular, ele também gera uma figura quadrada. Logo, se a Natureza compôs o corpo humano, de modo que seus membros, medidos até seu extremo, se relacionassem com base em proporções, parece que os antigos estabeleceram com razão que, na execução das obras, a figura como um todo mantivesse relações de medida com a forma de cada um dos elementos.* (Vitrúvio, livro III, capítulo I).

Os antigos que também conheciam bem a estrutura rigorosa do corpo humano elaboraram muitas de suas obras, principalmente os templos, segundo suas proporções; pois nele sabiam que encontravam tanto o círculo como o quadrado. Essas duas figuras passaram a ser fundamentais para qualquer tipo de realização. A perfeição do círculo e a estrutura equilateral do quadrado são os princípios de todos os corpos regulares. Leonardo colocou o homem no centro do quadrado, figura que está relacionada à Terra, e igualmente no centro do círculo, figura que está relacionada ao céu, logo tentou relacionar o homem ao Universo. Leonardo passou então a desenvolver toda espécie de edifícios de forma simétrica em torno de eixos que passam por dentro deles.

A interpretação de Leonardo da Vinci sobre a Natureza o fez relacionar o corpo humano à arquitetura, pois ao descobrir as proporções do corpo humano percebeu que estes padrões também poderiam ser usados nas construções, mais tarde perceberia que estas proporções também estavam ligadas à estrutura harmônica da Música.

No *Homem Vitruviano* podemos ver a Proporção Áurea relacionada com a estrutura ideal do corpo humano. Segundo várias tradições antigas, o umbigo divide o corpo humano de acordo com ela, ou seja, o resultado da divisão da altura total pela altura do umbigo, deve ser o número de ouro. Apesar de, quando a criança nasce, o umbigo situar-se exatamente na metade do corpo, com o crescimento este passa a ocupar a posição de divisão *phi,* e o órgão genital é que passa a ocupar o meio do corpo. Assim, se a altura total for 1, a altura até o umbigo será $\frac{1}{\phi}$ e do umbigo até o alto da cabeça será $\frac{1}{\phi^2}$, e o órgão genital terá altura $\frac{1}{2}$.

O conceito do retângulo de ouro, ou melhor, o padrão estético que os gregos inventaram, dominou o conceito de beleza em todo o mundo ocidental e tornou-se padrão para diversos povos ocidentais, consolidando-se ao longo do tempo.

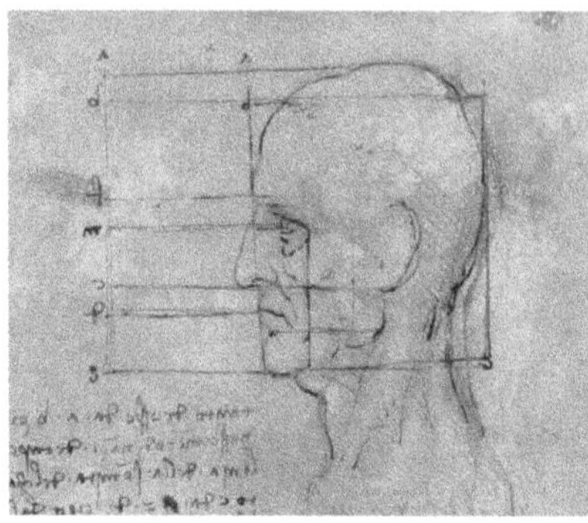

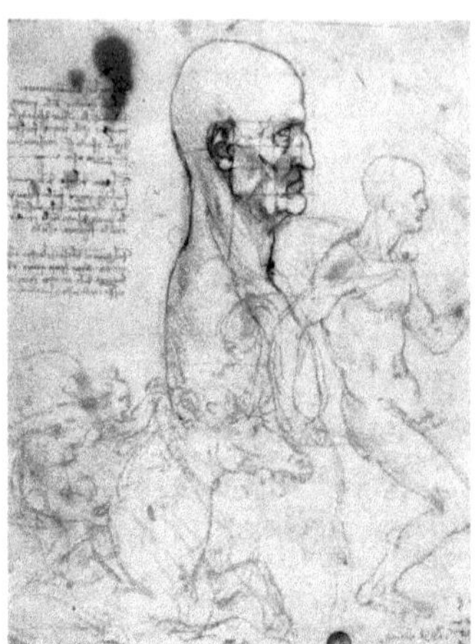

Estudos de Leonardo da Vinci, nos quais mostra as relações de proporções do rosto humano.

Entre outros, Leonardo da Vinci usou com maestria o número áureo como referência para as proporções do corpo humano em seus trabalhos. No rosto humano encontramos vários exemplos dessa proporção, e ninguém estudou e entendeu melhor a divina proporção do corpo humano que Leonardo da Vinci. Chegou mesmo a exumar cadáveres para medir os comprimentos de ossos e assim confirmar a presença da, como ele chamava, *divina proporção* na estrutura dos ossos humanos. Em 1490 Leonardo desenhou o perfil e o diagrama de proporções do rosto humano, figura anterior à direita, assim como dois cavaleiros associados à batalha de Anghiara[66].

Leonardo da Vinci tentou relacionar a Arquitetura com o corpo humano, ele sabia que o homem tinha proporções e as expressou em seu famoso desenho. Depois percebeu que os mesmos padrões que ligavam o corpo humano à arquitetura também poderiam ser relacionados à estrutura harmônica encontrada na Música. Chegou a comentar: *a proporção é encontrada não apenas nos números e medidas, mas também nos sons, paisagens, tempos e lugares e em qualquer outra forma natural.* Com essa ideia tentou encontrar proporções por toda a Natureza, procurou relacionar a circunferência de uma árvore com o comprimento de seus galhos mas, neste caso, não obteve sucesso. Foi nessa busca que declarou, aos moldes de Pitágoras, *o homem é o modelo do mundo.* A sua busca por relações numéricas ligadas à Natureza o levou a escrever, o que ele próprio chamou de: *Sobre o corpo humano.* O livro não só com textos, mas com uma coleção de observações anatômicas, este trabalho é o produto de sua visão holística sobre o mundo. Nele, Leonardo preocupou-se em elucidar as raízes da vida, as energias primevas e o funcionamento fundamental da natureza.

Leonardo da Vinci foi o primeiro a demonstrar que o corpo humano é formado por estruturas cujas razões proporcionais sempre tendem ao número de ouro.

O numero ϕ aparece em nosso corpo de várias maneiras.

- Dividindo a altura total pela altura do umbigo.

[66]A Batalha de Anghiari deu-se em 1440, quando as forças florentinas, juntamente

- Dividindo a distância que vai do ombro até a ponta dos dedos pela distância do cotovelo até a ponta dos dedos.
- Dividindo a altura dos quadris pela altura do joelho.
- Olhe os nós dos dedos.
- Veja as divisões da coluna vertebral
- Temos 2 mãos, cada uma com 5 dedos, cada dedo com 3 falanges separadas por 2 nós. Todos números de Fibonacci.

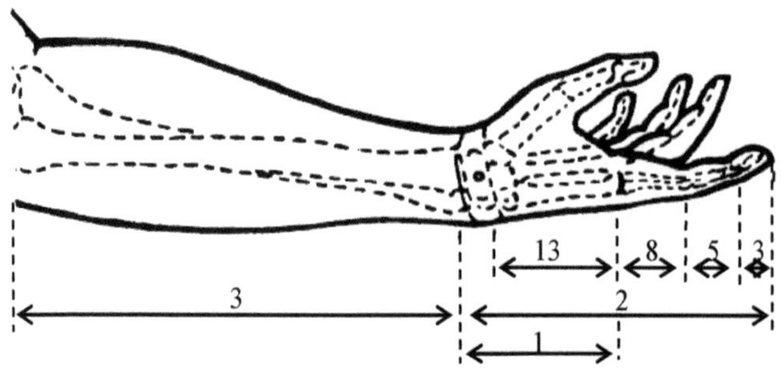

Acima a presença da série de Fibonacci na relação entre o comprimento dos ossos do dedo, a mão e o braço humano.

Hoje os números ou a sequência de Fibonacci, que está diretamente ligada ao número áureo, é um importante aliado da biologia e da botânica, é aplicada em estudos na distribuição de folhas sobre o caule ou filotaxia e seu crescimento orgânico.

Com o braço esticado, se atribuirmos o valor 1 (um) ao comprimento da mão, teremos para o antebraço o valor aproximado de ϕ. Também a medida entre a ponta do dedo médio da mão direita até a ponta do dedo médio da mão esquerda, quando o homem esta de braços abertos, corresponde à sua altura total, daí o homem inscrito no quadrado por Leonardo da Vinci.

Já vimos que a razão de cada diâmetro da espiral do Náutilus para o diâmetro seguinte é *phi,* aliás, a espiral tem uma aplicação fantástica. Em estudos ortodônticos sobre a previsão de crescimento mandibular foi constatado que ela cresce da mesma forma que esta *concha,* ou seja, dentro

---

com os seus aliados papais, derrotaram os oponentes milaneses.

da espiral logarítmica. Isto permitirá aos profissionais da área, através de estudos que já estão sendo realizados, terem uma orientação para determinar ao longo de onde a mandíbula crescerá.

Há uma série de trabalhos na área de ortodontia e ortopedia facial abrangendo estas proporções, entre eles gostaria de destacar o trabalho da pesquisadora e colega, Dra. Cassia Lopes Alcantara Gil, autora do livro *Proporção Áurea craniofacial,* e cujo consentimento para uso de imagens e informações ali contidas veio enriquecer de forma inestimável este trabalho.

Com o objetivo de estudar a presença de relações áureas no crânio humano, a Dra. Cassia desenvolveu uma pesquisa impressionante. Sua avaliação para atingir este objetivo exigiu uma incrível coleta de dados. Foram milhares de medidas obtidas na busca da afinidade entre estruturas cranianas que mantivessem relação de função ou mesma densidade óssea por acreditar que, se a Proporção Áurea estivesse presente no crânio, estaria exercendo um papel funcional ou de equilíbrio entre as estruturas que recebessem impacto de forças musculares semelhantes, apresentando assim densidades ósseas análogas. Depois de muitos cálculos estatísticos, finalmente as conclusões foram apresentadas em sua tese de doutorado e posteriormente em seu livro. Dele gostaria de apresentar a conclusão final assim como algumas curiosidades.

Em sua tese *Estudo da Proporção Áurea na arquitetura do crânio de indivíduo com oclusão normal, a partir de telerradiografias laterais, frontais e axiais,* para Doutorado em Odontologia foi publicada, em forma de resumo, a seguinte conclusão:

> Este trabalho tem por finalidade avaliar crânios de indivíduos adultos, com oclusão normal, sem tratamento ortodôntico prévio, por meio de telerradiografias Lateral, Frontal (PA), e Axial (Hirtz), para verificar se sua arquitetura apresenta-se em proporção áurea. Após tratamento estatístico dos resultados, encontrou-se 298 pares de medidas em proporção áurea em pelo menos 80% da amostra na telerradiografia lateral; 287 pares na frontal e 34 pares na axial. Foi proposto também um *índice de avaliação áurea,* por meio do qual pode-se classificar diferentes crânios de acordo com a Proporção Áurea

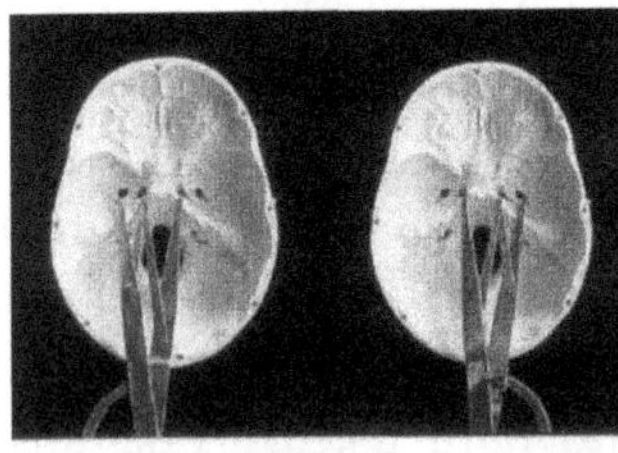

Fig. I

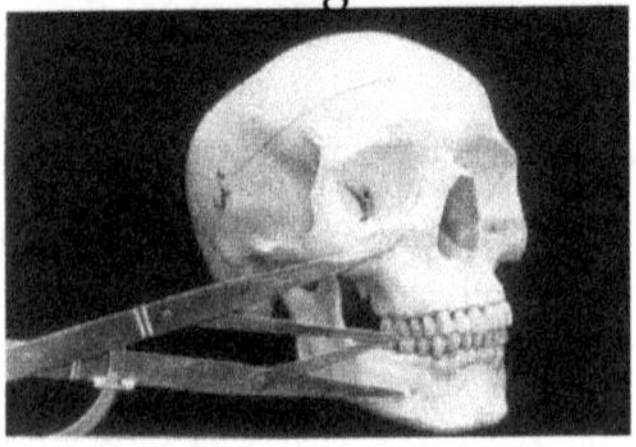

Fig. II

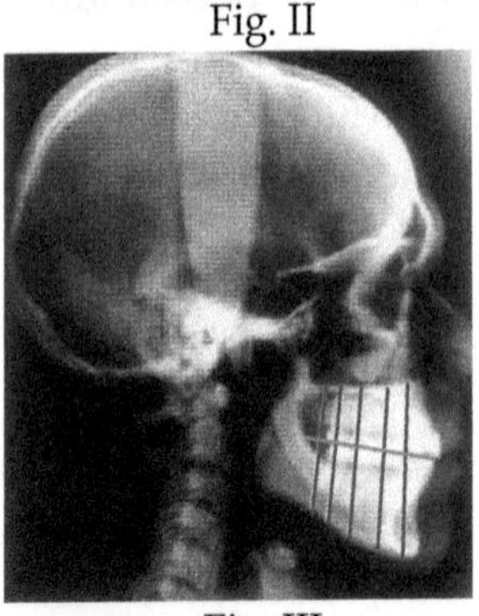

Fig. III

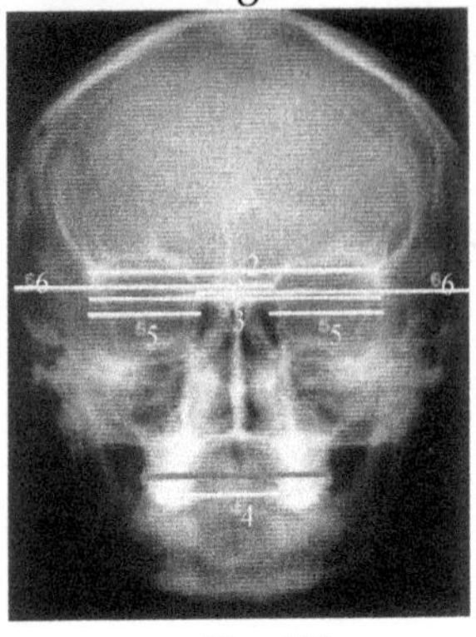

Fig. IV

A Dra. Cassia Lopes justifica suas pesquisas alegando que: "entre outros benefícios, a comprovação da presença da Proporção Áurea na estrutura craniana pode devolver aos pacientes ortodônticos, cirúrgicos ou protéticos, as medidas que lhes são mais harmônicas, e não aquelas que ocorrem na média da população. Este conhecimento não contribui apenas neste sentido, ele pode ser útil desde a decisão terapêutica de uma simples extração de dentes até a decisão de realização de grandes cirurgias faciais.

Através de observação feita com compasso áureo, a figura I nos mostra a base do crânio, onde podemos ver os forames ou cavidades cranianas em Proporção Áurea. Novamente utilizando o compasso áureo, na figura II vê-se o plano oclusal em Proporção Áurea com os forames infra-orbitário e mandibular. Na figura III temos uma radiografia lateral onde foi verificado que a mandíbula e a maxila se relacionam com o plano oclusal em Proporção Áurea, em qualquer região que forem medidas. Já a figura IV mostra uma radiografia frontal onde a medida 1- representa a distância intermolar que esta em Proporção Áurea com 2- largura da fossa temporal, 3- largura total das órbitas, 4- distância intercanina superior, 5- largura das órbitas direita e esquerda, 6- mesial da órbita-lateral do crânio do lado oposto".

Estudos revelam que independente de raça, sexo, idade e condição social, as pessoas têm padrões estéticos comuns de beleza facial. Inconscientemente faz parte destes padrões de beleza a simetria, harmonia e a proporção. Os mesmos estudos mostram que as faces consideradas bonitas apresentam-se em Proporção Áurea.

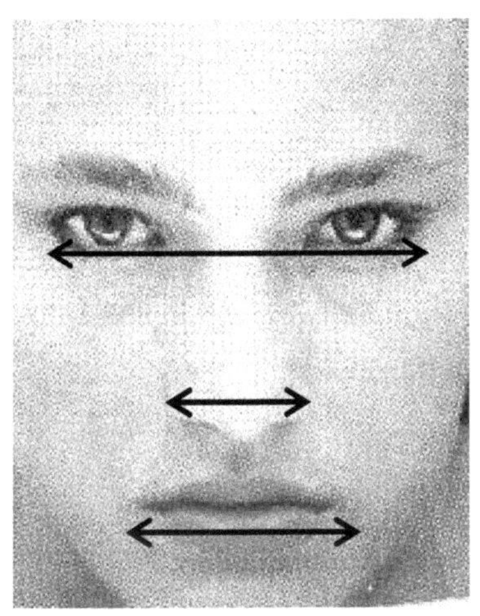

Fig. I

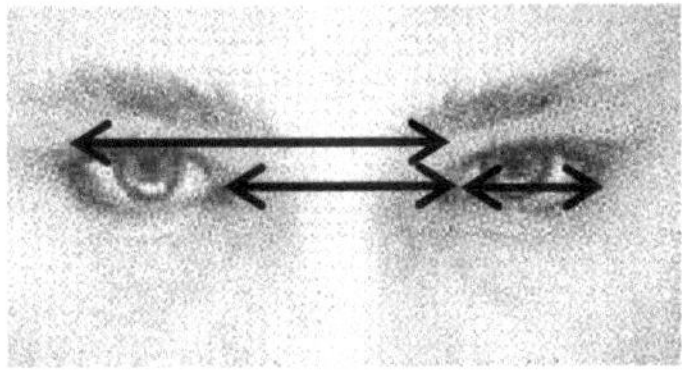

Fig. II

Na figura I temos as relações entre o comprimento dos olhos e comprimento da boca, comprimento da boca e do nariz, todos em Proporção Áurea. Na figura II temos as relações entre o comprimento lateral do olho e comprimento entre olhos, do comprimento entre olhos e comprimento do olho, também em Proporção Áurea. Estas relações podem ser facilmente percebidas ou confirmadas, utilizando-se apenas do compasso áureo diretamente sobre a face.

Este equilíbrio nas proporções é responsável pelo nosso padrão estético de beleza, é um padrão primitivo que, querendo ou não, nos acompanha de forma subliminar, e até inconsciente, mas é ele que define aquilo que é belo para nós.

As figuras a seguir mostram um levantamento interessante sobre a harmonia e o equilíbrio do perfil facial.

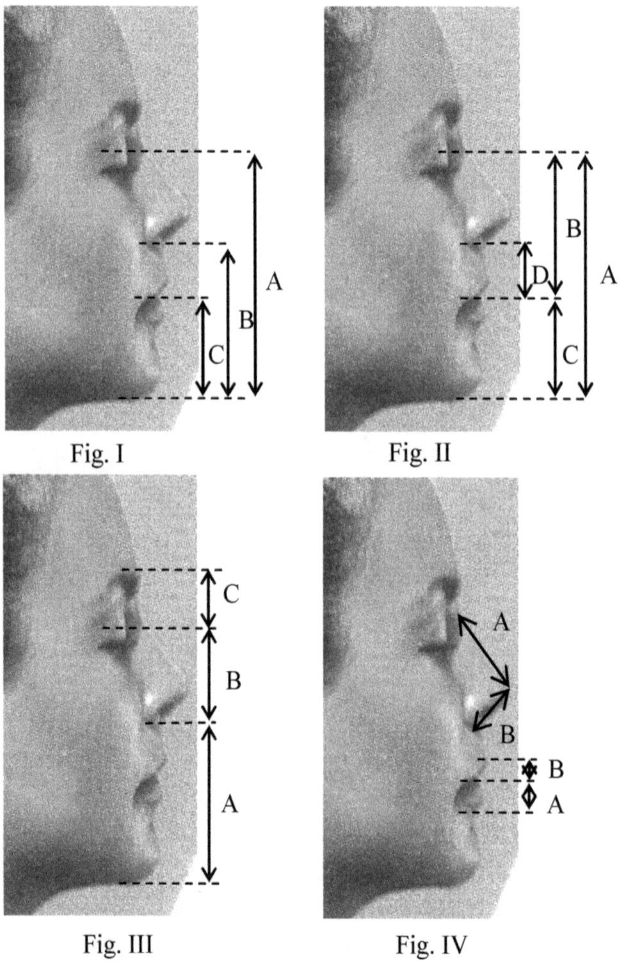

Fig. I Fig. II

Fig. III Fig. IV

Nas figuras anteriores encontramos vários comprimentos faciais designados pelas letras A, B, C e D, em todos os casos é valida a relação:

$$\frac{A}{B} = \frac{B}{C} = \frac{C}{D} = \phi$$

Considerações finais

Descobri os segredos do mar meditando sobre uma gota de orvalho.

Khalil Gibran

Dizer que a Natureza sabe contar talvez seja exagero, mas uma coisa é certo, ela segue alguns padrões matemáticos bem definidos e foram esses padrões que permitiram ao homem não só estudá-la, mas elaborar leis físicas que regem a estrutura e o funcionamento de toda a tecnologia atual. Exemplos não faltam, a lei de queda livre dos corpos de Galileu, as leis do movimento planetário de Kepler, a Óptica e a Mecânica de Newton, o estudo *da* Música, a reprodução celular e muito mais. Todos esses eventos foram metodicamente estudados e empiricamente testados e seus segredos, suas constâncias, foram revelados ao homem através da Matemática.

Seria provavelmente impossível esgotar todas as relações existentes entre a Natureza e a Matemática, contudo neste trabalho o que mais nos interessou foi a possibilidade de conseguir criar determinadas relações, de forma a tentar conceituar um padrão de beleza comum. A tentativa de equacionar a beleza é muito difícil, mas partindo do princípio que desde o homem primitivo até hoje, certos padrões de beleza se conservaram, e foram esses padrões, inatos ao homem, que, de uma maneira ou de outra, puderam ser *equacionados*. Para tanto lançamos mão de vários conceitos como estética, harmonia, simetria proporção etc. Na realidade, este estudo partiu do princípio de que ao observar o mundo, fazemos muito mais matemática do que possamos imaginar, são as leis da Natureza a todo instante agindo à nossa volta, é a Matemática prática, que não está confinada em livros didáticos, mas caminha conosco a todo instante.

Foi Pitágoras quem primeiro observou a ordem das coisas no mundo e propôs que o caminho mais valioso para o homem era o amor à sabedoria, foi ele quem criou o termo *filósofo*, que significa *aquele que ama a sabedoria, o conhecimento*. Ele não se ocupou apenas dos números como muitos acreditam, o pitagorismo foi um movimento, não só intelectual, mas religioso, moral e político. Fundou uma ordem com um rígido código de conduta e com uma notável característica, a confiança no estudo da Matemática e da Filosofia como base moral para orientar o comportamento dos homens individualmente e em sociedade.

A utilização de números, proporções, simetria, ilusão de ótica, Geometria Projetiva, perspectiva e razão áurea em diferentes artes como as tradicionais pintura, gravura, escultura e arquitetura até as contemporâneas digitais, como a infografia[67] e a holografia, são exemplos que evidenciam o uso, intuitivo ou intencional, de conceitos matemáticos, por profissionais das mais diferentes áreas na busca do equilíbrio, da estética e da harmonia.

Até na literatura, observamos a Matemática na estrutura da própria linguagem; ela se evidencia no uso da métrica no ritmo pertinente a cada verso de um poema, cujas estrofes traduzem uma ideia de

---

[67] É um recurso gráfico que se utiliza de elementos visuais para explicar algum assunto. Esses elementos visuais podem ser tipográficos, gráficos, mapas, ilustrações ou fotos.

harmonia, beleza e sentimento. Esta procura de harmonia é, na verdade, uma busca de simetria que pode não ser vista, mas é sentida.

A dança e o teatro tradicionalmente nos oferecem, na própria estrutura de suas linguagens, um destaque às dimensões temporais e espaciais, pertinentes aos conhecimentos artístico e matemático.

Quando temos a oportunidade de analisar as diferentes linguagens artísticas - artes visuais, literatura, teatro, dança e Música - poderemos vislumbrar uma infinidade de encontros, proporcionados por estas duas áreas do conhecimento: a Matemática e a Arte. Isto me lembra, sugestivamente, a beleza e a multiplicidade do caleidoscópio, brinquedo capaz de refazer imagens a cada encontro de seus fragmentos, oferecendo-nos o novo em diferentes modos de ver e em diferentes possibilidades de pensar.

Entre os vários ditados populares, um bem conhecido e aceito é: *a beleza está nos olhos de quem vê,* com o qual concordo plenamente. A partir daí sabemos que uma discussão sobre beleza é algo bastante difícil e fica ainda mais complexo, quando tentamos teorizar este conceito, no sentido de criar um padrão ou padrões. Afirmar que algo não é belo porque não se encaixa dentro desses padrões torna-se totalmente subjetivo e, é claro, sujeito à discussões. Vale deixar claro que este não foi o objetivo desse trabalho, aqui tentei mostrar de que maneira a Natureza e os artistas de todas as áreas buscaram, e buscam, certos padrões de beleza que pareçam comuns a todos nós. A discussão principal, podemos dizer, resumiu-se à busca não só do belo, mas da explicação de porque determinadas coisas são mais bonitas que outras. Para tanto alicercei-me nos conceitos quase que místicos, para não dizer míticos, do número de ouro, da secção áurea e da sequência de Fibonacci. Mas isso não é o suficiente, esta explicação não se resume apenas a esse tipo de análise, foi necessário resgatar os conceitos de equilíbrio, simetria e principalmente de harmonia, somente assim foi possível chegar próximo deste entendimento.

A você leitor, cabe agora não apenas deslumbrar-se com uma pintura, uma obra arquitetônica ou uma escultura, mas também tentar desvendar o que aquela obra significa, penetrar nas ideias e no sentido ali sintetizadas pelo artista. A ordem das coisas é revelada pela matemática, ela também nos ensina discernir e reconhecê-las separadamente, pois somos seres racionais. Foi caminhando e descobrindo novos caminhos, que o homem verificou que a Natureza está repleta de formas elegantes sutilmente inter-relacionadas, de surpreendentes mecanismos que se completam e, certamente, através desses novos caminhos, percebeu que é perfeitamente possível a sua compreensão. É esta compreensão que vai fornecer elementos ao homem, que de uma forma ou de outra, irá cada vez mais, aproximá-lo do *Grande Arquiteto* e da criação.

A busca do entendimento da Natureza nos aproxima cada vez mais de nós mesmos, pois somos um pouco de tudo que nos cerca: somos parte daquela árvore, daquele molusco, daquele rio, até mesmo daquela poeira, e de tudo mais deste planeta. Talvez não seja uma simples coincidência tanto a água do mar quanto nossa lágrima serem salgadas. Ao observar e tentar compreender a Natureza, o homem acumulou, de geração em geração, conhecimentos, e foram estes conhecimentos que, de uma forma ou de outra, nos propiciou conhecer a *Proporção Áurea.* Depois de confirmada sua presença na Natureza, e principalmente na vida, em suas mais variadas formas, a *Proporção Áurea* passou a representar, para todos aqueles que a conheceram e a conhecem, uma nova experiência no plano físico, fazendo surgir um novo sentido no plano espiritual.

São Paulo, abril de 2007.

Paulo Roberto Martins Contador

Dizem que o que todos procuramos é um sentido para a vida. Não penso que seja assim. Penso que o que estamos procurando é uma experiência de estar vivos, de modo que nossas experiências de vida, no plano puramente físico, tenham ressonância no interior do nosso ser e da nossa realidade mais íntimos, de modo que realmente sintamos o enlevo de estar vivos...

Joseph Campbell

Bibliografia

01- Sacred Geometry
Miranda Lundy
Walker & Company ed. 1998

02- The Constants of Nature
John D. Barrow
Vintage Books - ed. 2002

03- Fascinating Fibonaccis – Mystery and Magic in Numbers
Trudi Hammel Garland
Dale Seymour Publications – ed. 1987

04- The Curves of Life
Theodore Andrea Cook
Dover Publications – ed. 1979

05- The Golden Ratio
Mario Livio
Broadway Books – ed. 2002

06- The Divine Proportion
H. E. Huntley
Dover Publications - 1970

07- The Geometry of Art and Life
Matila Ghyka
Dover Publications – ed. 1977

08- Sacred Geometry
Robert Lawlor
Thames and Hudson – 1982

10- A Little Book of Coincidence
John Martineau
Walker Company - ed. 2001

09- A Mathematical History of the Golden Number
Roger Herz-Fischler
Dover Publications - ed. 1987

10- Matemática, uma breve história
Paulo Roberto Martins Contador
Editora Livraria da Física - ed. 2006

11- Proporção Áurea Craniofacial
Cássia T. Lopes de Alcantara Gil
Editora Santos - ed. 2001

13- Mathematical Mysteries
Calvin C. Clawson
Perseus Books - ed. 1996

14- O poder dos limites
Gyorgy Doczi
Editora Mercuryo - ed. 2004

Paulo Roberto

Paulo Roberto nasceu na cidade de Monte Alegre estado do Paraná. Cursou Engenharia na Universidade de Mogi das Cruzes, depois por hobby estudou e formou-se em matemática. Profissionalmente atuou como analista de sistemas durante vários anos em várias multinacionais, depois como consultor na mesma área.

Para sugestões, correções, faça contato com o autor,

p.contador@gmail.com

Obras do mesmo autor.

O segredo de Abdera - romance

O gene templário – romance

A torre de Madalena – romance

Arquimedes, o mito e sua obra

Kepler, o legislador dos céus

Matemática, uma breve história – obra em três volumes

Veja a sinopse de todos os livros no link:

www.amatematicanaarteenavida.blogspot.com.br